玉米保护性耕作技术手册

解宏图　主编

中国农业出版社

北　京

图书在版编目（CIP）数据

玉米保护性耕作技术手册 / 解宏图主编. —北京：中国农业出版社，2022.11
ISBN 978-7-109-30288-4

Ⅰ.①玉… Ⅱ.①解… Ⅲ.①玉米—栽培技术—技术手册 Ⅳ.①S513-62

中国版本图书馆CIP数据核字（2022）第229883号

中国农业出版社出版
地址：北京市朝阳区麦子店街18号楼
邮编：100125
责任编辑：闫保荣
责任校对：周丽芳
印刷：北京缤索印刷有限公司
版次：2022年11月第1版
印次：2022年11月北京第1次印刷
发行：新华书店北京发行所
开本：787mm × 1092mm 1/16
印张：12.5
字数：300千字
定价：98.00元

编委会

前言

PREFACE

秸秆移走或焚烧，然后通过旋耕、翻耕进行整地，历来被认为是保证苗齐、苗匀、苗壮的关键。旋耕、翻耕可以掩埋杂草，疏松土壤，雨水可以入渗并被作物利用。通过掩埋作物残茬，可阻断作物病虫害的生活史。

然而，随着耕作频率和深度的增加，负效应也逐渐显现。旋耕、翻耕破坏土壤结构，加大土壤风蚀、水蚀风险。频繁的耕翻，使土壤更多地接触空气，促进土壤有机质的分解，导致土壤有机质含量迅速下降，土壤退化，结构变差，导致黑土地变薄、变瘦、变硬。同时，生物多样性被破坏，土壤健康受到威胁。另外，旋耕、翻耕需要大马力拖拉机，田间作业环节多，人工、燃油消耗成本增加。

美国20世纪30年代经历了持续几年的“沙尘暴”，使人们意识到过度耕作的破坏性影响，并开始探索减少风蚀和水蚀的措施。美国20世纪60年代开始逐渐采纳免耕耕作制度，为未来保护性耕作的实施奠定了基础。我国免耕技术始于20世纪90年代，经过几十年的发展，保护性耕作面积超过了900万公顷。2020年农业农村部、财政部联合发文，实施《东北黑土地保护性耕作行动计划（2020—2025年）》，将保护性耕作上升为国家战略。通过多年实施保护性耕作，在农业、环境、经济和社会方面都产生了显著的影响。农作物受干旱影响降低、作物产量提高、生产成本降低、土壤风蚀、水蚀得到了有效遏制，土壤水分入渗增加、土体蓄水能力增强，农民收益增加，对保护性耕作认可度提高，土壤生物多样性增加，土壤健康状况得到改善。

东北地区从2007年开始探索秸秆覆盖的保护性耕作技术，经过十余年的探索，形成了完善的保护性耕作技术模式、农机配套体系及示范推广体系，主要进步表现在：首先是耕作制度的变革，从翻耕、旋耕转变为免少耕，从没有秸秆覆盖发展到适量的秸秆覆盖及作物覆盖，从连作转变为适当的轮作都是耕作制度的进步。其次，构建了适合东北地区的保护性耕作技术模式和农机配套体系，实现了农机、农艺融合，适应我国土地经营规模分散、农业机械相对落后的农业生产现状。

研究与实践表明，保护性耕作技术是保护黑土地的有效技术手段，因此，需要大力示范推广，本手册详细介绍了保护性耕作技术模式、病虫草害防治、农机配套体系及典型示范合作社的做法，期望对保护性耕作技术的研究、示范、推广及服务起到推动作用。

编者　解宏图

2022年9月

目
录
CONTENTS

第1章 绪　言

2030年，中国人口将达到14.5亿峰值，我国粮食日消费在10.15亿千克，人均粮食占有量470千克，实现了从吃得饱到吃得好的转变。国家统计局公布的粮食生产数据显示：2021年全国粮食总产量13 657亿斤*，比上年增加267亿斤，增长2.0%，全年粮食产量再创新高，连续7年保持在1.3万亿斤以上。粮食生产喜获十八连丰。保障粮食安全，关键在于落实藏粮于地、藏粮于技战略。严格贯彻落实总书记提出的“耕地是粮食生产的命根子，要像保护大熊猫那样保护耕地”。

东北粮食主产区耕地面积4.5亿亩，占全国耕地总面积的22.2%，粮食产量占全国的1/4，商品粮占全国的1/3，是国家重要的商品粮基地。东北粮仓是保障我国粮食安全的“稳压器”。然而，持续的土壤退化严重制约了东北粮食主产区作物生产潜力的发挥和农业可持续发展。从时间上看，黑土区开垦的历史仅有100多年，与开垦前相比，土壤耕层的有机质含量下降了50%～60%，黑土层平均厚度由50～60厘米下降到30厘米左右，造成中低产黑土面积不断加大，土壤潜在生产功能和生态功能下降，“捏把黑土冒油花”的高肥力耕地比例锐减，部分黑土区已经丧失了农业生产能力。

东北黑土退化最为严重的是旱作农业区，尤其是玉米种植带，而传统耕作制度下的玉米连作是导致土壤退化的根本原因。由于经营者只注重短期利益，缺乏土地保护意识，几十年来玉米生产一直采取掠夺式种植方式，土地利用处于“超负荷”状态。土地重用轻养，有机物料（秸秆）和有机肥料投入严重不足，导致土壤有机质消耗；地表裸露无覆盖造成严重的土壤侵蚀和养分流失；频繁耕作导致土壤对降雨的截获能力及保水能力严重下降，导致干旱加剧。秸秆焚烧不仅浪费了大量养分资源，造成土壤的养分调控能力下降，肥料利用率大幅度降低，养分大量损失，化肥超量施用。因此，土壤综合功能下降导致的一系列生产和生态环境问题，已成为制约东北农业可持续发展的主要

* 1斤＝500克。

因素。

革新耕作制度是遏制东北黑土退化、恢复和重建黑土高产高效功能的根本途径。在实践上，减少田间耕作、增加作物（玉米）秸秆归还是可持续农业的重要发展方向。在模式上，建立以秸秆覆盖归还保护性耕作为核心的耕作制度是提升黑土生产力、发展东北地区绿色农业的有效手段。

自2007年起，中国科学院沈阳应用生态研究所保护性耕作研发团队在吉林省梨树县高家村开展保护性耕作研究，经过十几年的研究、示范、推广，建立了成熟的保护性耕作技术模式、完善的农机配套体系及创新的示范推广体系，促进了东北黑土地玉米耕作制度的改革，为东北黑土的可持续利用奠定了理论和技术基础。

第

2 保护性耕作研究进展

章

2.1 粮食安全问题

2.1.1 全球人口增加

根据联合国官方网站上显示的数据，世界人口将会持续增加。到21世纪中期，全球人口总数将从2021年的78亿增长到2050年的91亿，每年人口增加0.45亿。不过，与前50年相比，人口增长率逐渐放缓。但从一个更大的基数来看，绝对增长仍将是显著的，即增加13亿人（Food，2009）。我们都知道，地球上的资源是有限的，随着人口增加，资源消耗也越来越多，就会出现因资源消耗带来的各种问题。在一些发展中国家人口过快增长，已经带来了各方面的威胁，严重影响到整个国家的自然资源、社会安定、经济发展以及人民生活水平的提高（Ruben，2019）。

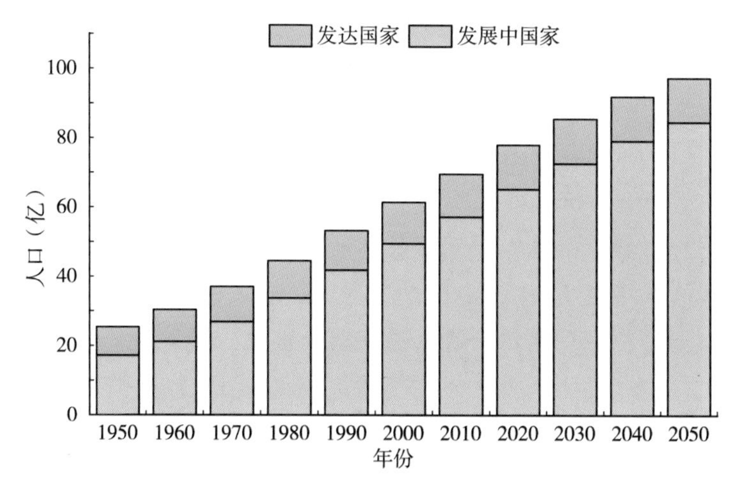

1950—2050年全球人口变化

资料来源：https://www.fao.org/faostat/zh/#data/OA。

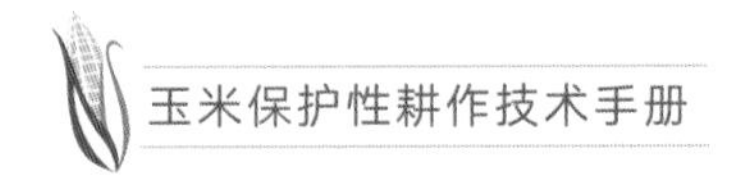

2.1.2 粮食问题

随着世界人口的持续增长，全球粮食问题也越来越突出，主要表现在对粮食的需求持续增加。研究表明，到21世纪中期，全球农业粮食生产必须增加60%，而发展中国家需增加近100%，才能养活近100亿人（Searchinger等，2019）。在发展中国家，80%的粮食增产将来自种植强度的提高，只有20%来自可耕地的扩大（Ramankutty等，2018）。但事实是，全球主要谷物作物的产量增长率一直在稳步下降，从1960年的每年3.2%下降到2000年的1.5%。1961—2020年全球谷物产量由8.8亿吨增至29.9亿吨，年均增长1.20%；谷物产量增加的同时，世界人口由30.9亿人增至77.9亿人，年均增长1.02%，谷物产量年均增速高于世界人口年均增速0.15%。根据FAO在2017年12月的数据发现，2017年度全球的谷物粮食储存消费接近30%，已经突破了18%的安全水平上限（Ramankutty等，2018）。

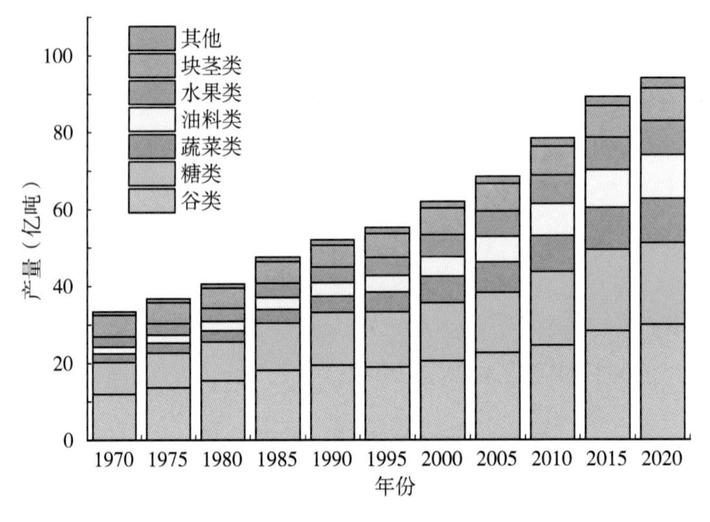

1970—2020年全球各类粮食产量

资料来源：https://www.fao.org/faostat/en/#data。

在联合国粮农组织发布的《在2050年，如何养活世界》报告中指出，世界人口增加将带来生活方式和消费模式的变化（Food，2009）。从全球粮食消费水平来看，虽然谷物和其他主要作物的份额将下降，但蔬菜、水果、肉类、乳制品和鱼类的份额将大幅增加。与此同时，每年消耗的谷物产量要增加9亿吨，肉类每年的产量需要增加2.7亿吨，才能满足人口数量增加的需求。其中大部分必须来自正在耕种的土地。然而，一成不变的耕作方式是影响产量增长率下降的关键因素，因为按照过去50年建立的模式，在全球范围内持续线性增加产量，不足以满足粮食需求。此外，随着城市化进程的加快和生活水平的提高，对饲料和纤维的需求越来越高，预计到2050年将增长70%，而且会有很大一部分作物将会被用于生产生物能源和工业材料等。为了满足这些需求，农民将需要新技术，用更少的人力劳动，用更少的土地生产更多的粮食。

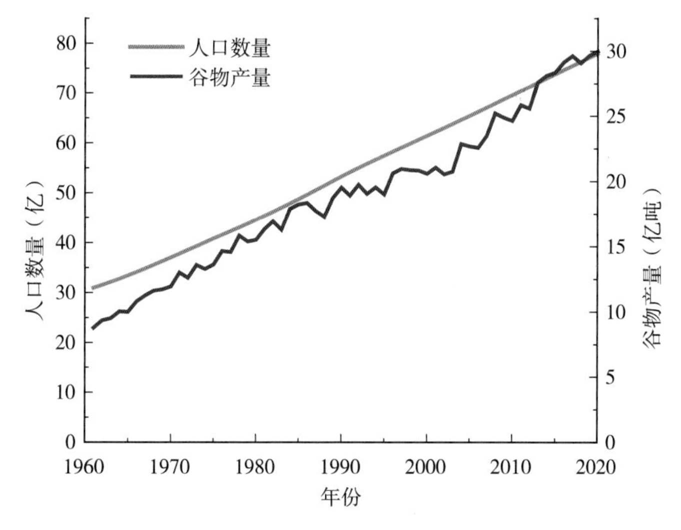

1960—2020年世界人口数量和谷物产量

资料来源：https://www.fao.org/faostat/en/#data。

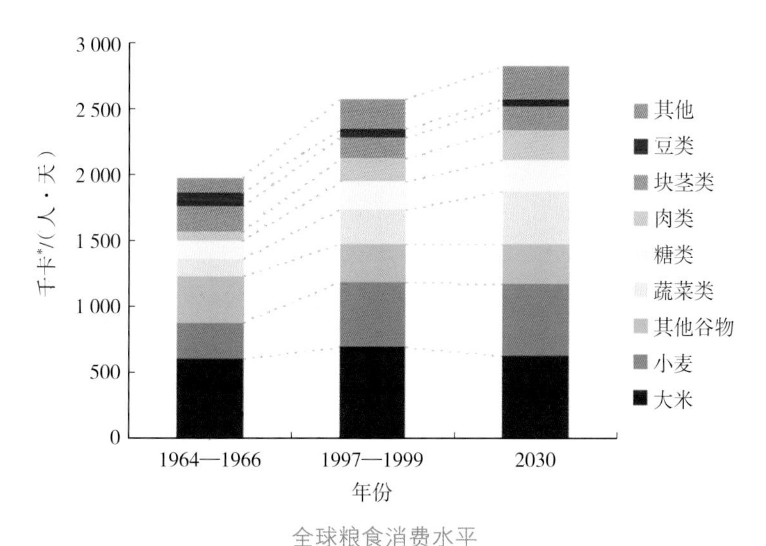

全球粮食消费水平

资料来源：联合国粮农组织2002（FAO）。

* 1千卡＝4.184千焦。

2.1.3 气候变化

过去半个世纪以来，全球气候变化加剧，极端天气事件频发，这主要是由于化石燃料（煤炭、石油、天然气）的燃烧，以及无节制的砍伐森林、过度放牧和不合理的耕作，释放了大量CO_2、N_2O和CH_4等其他有害气体，加剧了全球温度升高。到2100年，全球平均地表温度预计将上升1.8～4.0℃，此外还有可能出现降水规律异常、极地冰川融化、极端气候出现的更加频繁和剧烈等情况。全球气候变化正在以干旱、洪水和极端温度等形式对人类活动、自然生态系统和世界经济发展产生重大影响，此外，还会通过影响农田作物生产和农产品制造加工产业从而威胁到国家和全球粮食安全（Armaroli等，2011；Kweku等，2018）。目前所有的定量评估都表明，全球气候变化将对粮食安全生产产生不利影响，尽管有些研究表明，气候变暖会有利于一部分地区粮食生产。在极端天气发生频繁的条件下，比如短时的极端强降雨天气、极端温度变化异常、无法预测的持续干旱天气等极端事件频率的增加，在未来几十年里，这些因素将在许多地区逐步降低作物产量，威胁粮食安全。重要的是，干旱或洪水等极端事件频率的增加可能会对粮食安全产生重大的负面影响（Misra，2014；Kumar等，2018）。

极端天气事件在未来可能变得更加频繁，并将增加全球粮食系统的风险和不确定性。农业不仅是食物的来源，而且是大多数人的收入来源。气候变化将影响粮食安全的所有方面，如粮食供应或粮食生产、粮食获取、粮食供应稳定和粮食利用。在全球70多亿人口中，约有20亿人处于粮食不安全状态，因为没有达到粮食安全的一个或几个要求（Sunderland等，2013）。然而，气候变化对粮食安全的总体影响因地区和时间的不同而不同，对人口总体社会经济状况的影响也不同。

2.1.4 土壤退化问题

土壤不仅是人类生产食物、饲料、纤维、可再生能源和原材料所依赖的主要自然资源，而且在维持地球复杂的陆地生态系统和气候系统方面发挥着关键作用。但是长期以来，一成不变的耕作模式，频繁的耕翻土地，清除作物残茬的管理方式，高强度的耕作模式，不合理的使用化肥、农药和农膜等原因，加剧了土壤性质恶化，比如土壤养分利用率的降低、保水保肥性能下降、土壤退化等问题日益突出（Rahman等，2018）。此外，人口的迅速增长对土壤资源造成了巨大的压力。全球各国国土总面积仅有11%用于耕地，换句话说，全世界大约87亿公顷的土地需要养活今天的78亿人（Pocketbook，2015；Jibir等，2016）。由于集约化的农业活动和土地的过度利用，土壤资源正在遭受各种类型的退化。2013年《科学》杂志曾发表过一篇文章，指出“伟大文明的衰亡，往往因为土壤退化”。目前，土壤退化已成为一个全球性的问题，它带来的许多负面影响严重威胁着人类生产实践活动，并引起了一系列的生态环境问题。因此，我们应该采取强有力的措施，遏制土壤退化，维护土壤健康保护，保护好我们未来生存的根基。

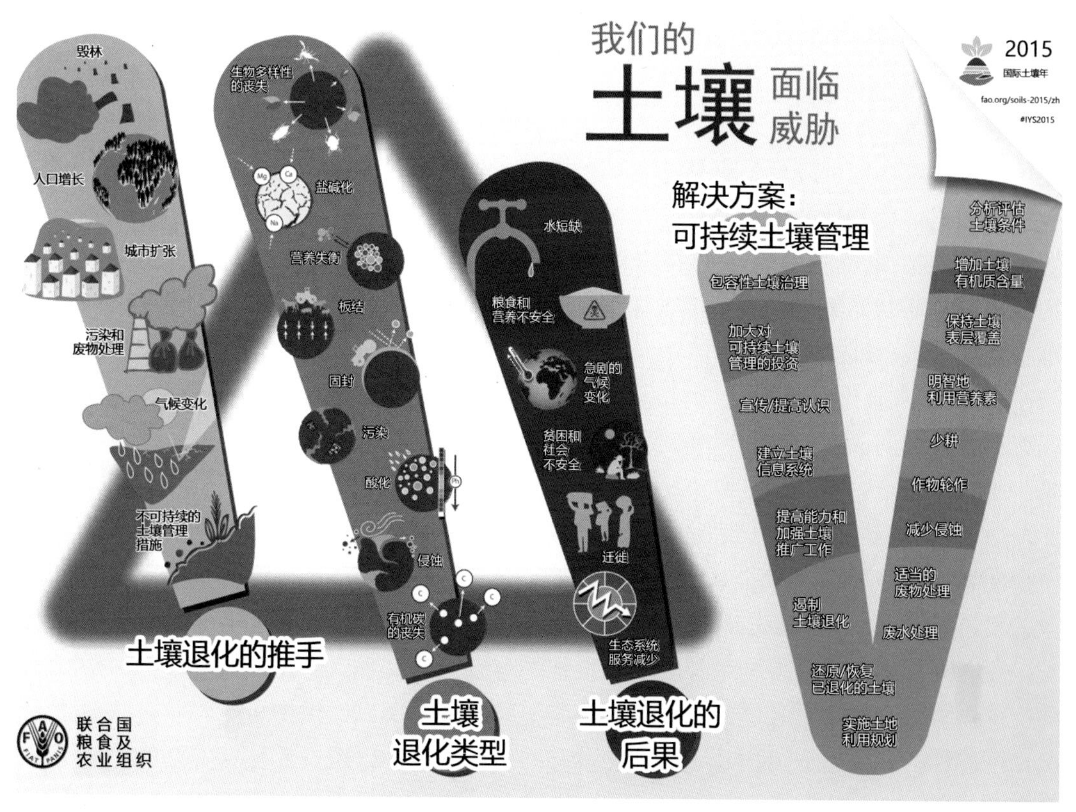

土壤退化和解决措施

资料来源：https://www.fao.org/soils-2015。

“万物土中生”、“人以食为天，食以土为本”，土壤安全对于人类是极其重要的，人类所食用的食物95%都是源自于土壤，可见，没有安全的土壤人类将会无法生存，保护好土壤就是保护我们自身，土壤退化后导致地表植被破坏、生态环境恶化，进而引起土壤肥力和质量下降、土壤生物多样性降低，且会威胁到人类健康（Daily，1995；Gibbs等，2015）。自进入工业革命以来，由于人类不合理的农业种植制度、过度毁林开荒、过度放牧以及全球气候变化，导致土壤功能及其为人类提供生态服务的能力下降，甚

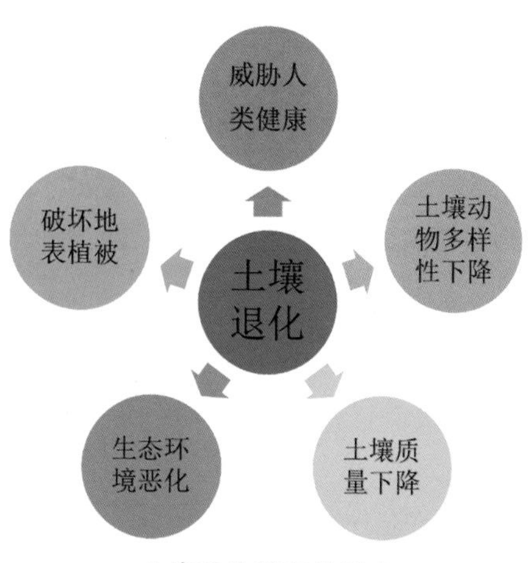

土壤退化带来的影响

至丧失。此外，人类越来越意识到土壤退化所引起的生态环境问题，与全球温室气体排放、生物多样性退化、极端气候频繁发生都应该受到重视。土壤是陆地生态系统中最大的CO_2库，土壤退化会加速温室气体的排放，进而会加快全球气候变暖。而且土壤退化会严重影响生态系统的生产能力，还通过改变水和能量平衡以及破坏碳、氮、硫和其他元素的循环来影响全球气候。

土壤退化一般包括土壤质量或性质的下降和土壤数量或范围的缩小。土壤质量或性质下降主要体现在土壤功能的降低，具体有土壤物理、土壤化学和土壤生物性质的下降。土壤数量或范围的缩小表现在实现农业生产的农田耕地或被占用，土壤表面功能的丧失或整个土体被破坏。土壤退化按照土壤性质分类主要分为以下三种类型：土壤物理退化、土壤化学退化、土壤生物退化；各类型间又有交叉，且还可细分（张桃林等，2000；韩光中等，2015）。

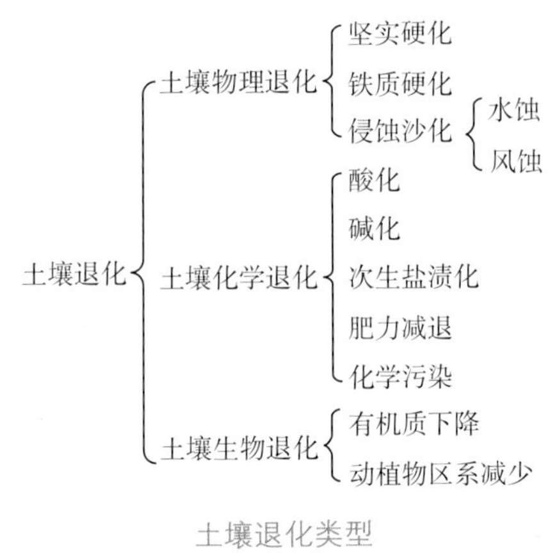

土壤退化类型

由于土壤表层因风蚀、水蚀、酸化、变硬、重金属污染、盐化和碱化等而出现土壤质量和数量的下降，如今全球有1/3的土壤出现了严重退化，威胁着全球粮食安全和农业的可持续发展，因此我们应重视并保护好宝贵的土壤资源（Gomiero，2016）。未来很长一段时间，人口将会持续增长，尽管增加的速度有所变慢，但是人口基数仍然是巨大的，这样对粮食的需求和健康土壤的利用会更加依赖。所以，保护全球农业土壤健康状况和可持续的发展已成为扭转土壤退化趋势并确保当前和以后世界粮食安全的关键所在（Tripathi等，2019）。

2.2 土壤的保护和利用

土壤是陆地上最宝贵的自然财富之一，对人类的起源和发展起着至关重要的作用，土壤的形成又极其缓慢，无人为干扰条件下地球表面形成1厘米深的土壤，至少需要经历三百年的时间，而破坏1厘米厚的土壤往往只需一瞬间。可见土壤是来之不易的宝贵财富。土壤作为我们人类依赖生存的基础，支撑着我们人类最基本的生活需求，是我们食物的来源和生活的场所。同时也是植物生长的基础，容纳植物生长生产所需的水分和营养物质，维持植物根系的固定和生长。土壤也是很多微生物生长繁殖的家园，在土壤这个大环境里，微生物利用自身的同化分解代谢，通过生物化学转化过程，完成土壤中养分的活化，比如土壤中氮素的硝化和氨化作用，解磷解钾过程和土壤有机质的分解和转化等；此外，土壤也是很多动物的栖息场所，比如常见的蚯蚓、蚂蚁等。所以说，土壤在很多方面起着至关重要的作用，如果没有土壤，地球表面就会像光秃秃的火星一样没有生机。因此，保护并利用好我们脚下珍贵的土壤资源，才能更有利于我们未来的可持续发展。

2.2.1 土壤的作用与功能

“土，地之吐生万物者也，壤，柔土也”。土壤中充满着生命，同时也为地球上其他生命提供场所和支持。在当今世界，极端天气频繁发生，土壤退化日趋严重，人口持续增长，人们需要更多的粮食，而只有健康的土壤才能保证提供最基本的服务。2013年12月5日，联合国粮食及农业组织大会决定将12月5日这一天定为世界土壤日，此后每年都会在这一天举行旨在保护土壤健康的活动，如今已经度过了9个年头。土壤的形成极其缓慢，已被列为不可再生资源，不仅是很多生态系统服务的基础，而且也是人类食物、饲料、燃料和纤维生产的重要保障。保护土壤对于粮食安全及我们的可持续未来至关重要。土壤充满了生命，土壤中的这种生命提供了许多生态系统服务，可以用土壤功能一词来表示。这些受土壤生命调节的功能包括养分循环、碳储存和周转、水分维持、土壤结构形成、地上多样性和生产力的调节、生物调节、缓冲以及潜在有害元素和化合物的转化（Prosser，2002；Awet等，2018；Trivedi等，2019）。

（1）土壤可以提供人类必需的粮食、纤维和燃料。土壤是农业生产的重要保障和几乎所有植物生长的基础。健康的土壤可以供给植物生长繁育需要的营养、水、空气和根系支撑。人类所食用的物质95%都是源自于土壤（其余有一部分以水培的形式供给），也是粮食系统的基础和几乎所有粮食作物生长的媒介。土壤可以提供作物根系生长的场所，具有自然肥力，能够促进作物生长，进行农业生产。我们最早认识的土壤功能主要包括土壤对作物的生产功能，从最基本的种植粮食作物是为了有生活的保障，后来为了有更好的生活条件而种植经济作物，从而提高了人类的生活水平。土壤是作物赖以生长的基础，土壤的可持续发展是保证饲料、纤维、燃料和药材生产的关键所在，满足人类最基本的生活需求，提供人类所必须的物品，为可持续的生产和生活发挥重要作用（赵其国，2008；Lehman等，2015a；Rojas等，2016；赵瑞等，2019）。

土壤的功能和作用

资料来源：https://www.fao.org/home/en/。

（2）土壤具有重要的缓冲作用。这种缓冲作用可以是土壤重要的性能之一，主要包括对外界环境水分、温度、土壤pH、氧化还原电位、污染物等的缓冲能力。土壤具有较强的净化水的功能，我们日常所饮用的水有一部分是来自地下水，这些水从地表经土壤的过滤进入地下水。在外界环境中这些因素发生较大波动时，土壤可以发挥自己的作用使这些因子在土壤中的变化范围缩小。此外，土壤具有对外来污染物包括重金属和残留农药的过滤、降解或固定的解毒作用。当外来的有机污染物进入土壤后，微生物发挥着主要的分解转化功能，可降解为无污染或者污染程度较低的产物，同时土壤还对外来重金属具有缓冲过滤的能力。但是，土壤对污染物的缓冲降解能力是有限的，如果我们没有节制地利用土壤，未来土壤的修复也是十分困难的（Kato等，2011）。

（3）土壤是生物的栖息地和家园。首先土壤中的生物数量是巨大的，一汤匙土壤中的生物数量超过地球人口的总数还多。这些生物群落对于抑制或消灭植物病害、害虫以及杂草有害生物，起着十分重要的作用；此外，土壤中的这些生物可以促进植物根系形成有益的共生关系，实现土壤中的水分营养物质循环，通过对土壤水分循环和营养物质转化来提高和改善土壤结构，并最终提高作物产量（Yang等，2021）。土壤中的生物类型多种多样，是自然生态系统中最复杂的体系之一，也是自然界最为多样性的生存地之一，其总量占地球总量的约25%（Lehman等，2015b）。地球上的陆地生态系统中以土壤中含有的微生物群落最多，不仅体现在物种多样性上，而且在数量上也最多；不过，土壤的生物多样性却很少被人知道，由于它存在于我们的脚下，人类不能通过肉眼直接观察得到，需借助一定的技术手段（Kremer等，2020）。但是，无论在地球的自然界还是在农业体系中，土壤中的生物在自然生态系统中起着不容忽视的作用，土壤微生物都与陆地、植物和空气系统直接互动。土壤中的生物是营养转化、促进有机质的积累和形成、改善土壤物理化学性质和水分状况、土壤碳的固定和温室气体的排放、通过共生关系增加作物营养物质吸收的数量和效率和调节作物健康的主要介质。土壤生物的这些功能对于陆地生态系统的运作至关重要，同时也是农田生态系统可持续管理的重要组成成分（Awale等，2017；Nunes等，2018）。

土壤生物群落的功能

（4）调节气候和固存CO_2。土壤可以通过调节自身的碳含量来减低排放CO_2从而缓解气候变暖。土壤是陆地生态系统最主要的碳汇，包含约2/3的陆地碳，并相当于大气中碳的2～3倍，可见土壤在碳循环中发挥着重要作用。合理的土壤管理方式可以通过积累碳（碳封存）和降低空气中的温室气体排放而起到全球气候变暖的重要作用（Baldwin-Kordick等，2022）。但是，如果不合理的田间管理或不可持续的农耕方法，储存在土壤中的碳则会以CO_2的形式释放到空气中，导致全球气候变暖。过去几百年以来，林地和草地的面积逐渐减少，慢慢转化为农田耕地和放牧场地，致使全球土壤正在退化，从而引起土壤碳的流失，这是导致全球气候变暖的原因之一。然而，通过可持续的土壤管理措施，采用土壤保护性耕作方式，可以降低农田土壤温室气体排放，促进土壤碳积累和固存，土壤中储存的碳量越多，被释放到空气中的CO_2越少，并能提高对气候变化的缓冲能力（Khan等，2021）。

（5）净化和储藏水的作用。土壤净化水源的作用是利用土壤内部的各种机制（物理、化学以及生物的作用）对外来各种水源的作用，在一定程度上过滤纯化水分；此外，土壤也具有一定的储藏水的作用，有一定程度的保水作用可以限制水源渗入地下水。外来进入土壤的水源可能是已经被污染的，土壤可以通过自身的吸附、分解、转化等理化和生物作用，净化水源，并将其一部分储存在土壤孔隙中，这样可以起到一定的抵御洪水和干旱的能力，从而维护粮食安全，而且还能在提供健康水源方面发挥价值。土壤对水源的净化使水能够被作物有效地吸收并利用。一般而言，土壤有机质含量越高，土壤的肥力就越好，土壤的储水能力就越强，才能有更强大的蓄水能力。在干旱时节，土壤中的水分对作物的生长繁育具有不可忽视的作用；遇到极端降雨天气时，通过降低水流入河海溪的速度，降低洪水和径流的发生。因此，健康的土壤对于保护粮食生产和提高地下水的清洁程度发挥了重要作用，同时也有助于提高抵御能力和减少灾害风险（Vonk等，2015）。

2.2.2 提升土壤肥力的措施

土壤肥力是决定所有农业系统生产力的基础。一般来说，我们对土壤肥力一词的解释是“土壤向作物提供养分的能力”。如果从更广泛的角度来看，土壤肥力不仅意味着提供养分，它还包括提供植物生长的能力以及土壤的物理、化学和生物特性。20世纪40年代，粮食产量有了大幅度的提升。与此同时，为了提高产量，人们对化学合成添加剂的使用有所增加，破坏了土壤的自然平衡。长期以来，人们一直使用化肥、杀虫剂和其他合成化学品来解决农业生产中的问题，这导致了土壤的健康状况下降和病虫草对农药的抵抗力降低。目前，化学合成物的持续施用，忽视了土壤中腐殖质、微生物、微量矿物质和营养物质的微妙平衡，这导致土壤退化，降低了土壤供植物生长的能力。良好的土壤管理可以保证土壤的物理、化学和生物特性的平衡，这是合适的矿物元素进入食物链的方式。为了保持作物生产力、环境可持续性和生物健康，对土壤的管理至关重要。为了实现农业生态系统可持续性和粮食安全的目标，以可持续的方式进行土壤肥力管理，减少土壤退化是一项挑战。土壤管理是由更好的有机碳含量、适当的矿物平衡和丰富多样的土壤生命支持。土壤的生物成分有助于土壤结构和功能的建立和维护。因此，以可持续的方式对当前情景下的土壤肥力进行管理是时代的需要，我们必须为此认真努力；否则，在不久的将来，我们的土壤将变得贫瘠，没有能力支持生命。目前，作物秸秆还田、有机肥还田、生物炭还田、合理轮作等可持续生产措施可以改善土壤养分状况，提高土壤保水保肥能力，并且能够扭转土壤退化、缺素、养分不平衡等问题，是有利于农田土壤肥力的提升和农业可持续发展的田间措施（王芳，2014；Yurchenko等，2018）。

2.2.2.1 作物秸秆还田

当前，作物秸秆还田已被公认为是世界上一种培肥地力的重要措施。作物收获种子或果实后余下的生物质中含有丰富的营养成分，主要包括氮磷钾、有机质和一些重要的微量元素。在过去，作物收获后大部分残茬作为多余物直接被烧掉，这样不仅污染了空气，增加了雾霾发生的频率，而且浪费了宝贵的养分资源。如将作物秸秆收获后直接归还土壤，不仅减少了污染物和有害气体的排放，而且还能有利于土壤健康，具有诸多好处，比如补充了土壤中的营养元素，增强了土壤储水蓄水的能力，促进了土壤微生物的生长，提高了土壤养分的利用效率，改善了土壤结构，有利于土壤团聚体的形成，也有助于抑制杂草的生长，具有保水保肥增效节本的多重效果。此外，农作物秸秆在分解过程中产生的酸性化合物可以中和碱性土壤，降低碱性土壤pH。总结起来，秸秆还田主要从以下几个方面提高土壤肥力和改善土壤养分状况（戴志铖等，2019）。

（1）作物秸秆还田补充了土壤养分。作物收获后残茬中含有丰富的营养成分，主要包括氮磷钾、有机质和一些重要的微量元素，是一种重要的有机肥源。研究发现，与无秸秆相比，秸秆全量还田条件下土壤碱解氮、有效磷和速效钾均有显著增加。如果作物收获后清除土壤表面的秸秆残茬，那么土壤中的有机物质仅剩余10%左右，其他营养成分必须依赖化学肥料的补充。一般而言，秸秆还田和化肥一起使用，可以有效改善土壤养分状况，提高土壤肥力，达到作物增产的效果。

（2）作物秸秆还田提高了土壤微生物活性。作物秸秆还田一方面为土壤补充了有机肥源，提高了土壤肥力，另一方面给土壤微生物带来了可以利用的丰富的营养底物。土壤微生物利用这些外源有机物质分解转化有机质和净化土壤，对农田生态系统起着积极的作用。有机物的合成主要依赖植物叶绿素的作用，有机物的分解主要是土壤微生物作用。作物秸秆残茬归还土壤给微生物带来了大量营养物质，土壤微生物的数量和多样性以及酶的活性也都升高；实行作物秸秆残茬归还可提高微生物和多种酶活性，包括营养元素转化酶和分解酶等。土壤微生物和酶活性提高了，对有机物质的分解、转化就加快了，改善土壤养分的有效性和可利用性，从而植物可以吸收利用的营养物质就逐渐增多，满足作物生长繁育的需求，为作物产量的提高提供了保障。此外，土壤微生物分泌的转化酶和分解酶作用于有机大分子产生的纤维素、半纤维素、木质素、多糖和腐殖酸等具有黏性物质，可以促进土壤颗粒和有机无机物结合，形成土壤团聚结构，提高土壤通透性和保水保肥的能力。

（3）作物秸秆还田能降低化肥的使用量，节约了成本。合理可持续的农田管理措施既可以节约成本，又可以增加效益。作物秸秆还田就是一种。发达国家都很注重施肥结构，如一些国家化肥的施用量占总施肥量的33%。作物生长吸收利用的氮素有很大一部分来自土壤中已经存在的，另一部分来自当季施入土壤的化肥中的氮素。但是如果施用化肥的同时有机物质输入就会提高养分的利用效率，施用少量的化肥即可达到全量化肥的效果。

2.2.2.2 有机肥还田

目前，化肥的投入量越来越高，而对有机肥的投入相对较小。这样的田间施肥策略对土壤地力的消耗十分严重，导致土壤养分利用率降低，土壤性质恶化等，种地的成本也不断增加。增加有机肥的还田，不仅可以直接提高土壤有机质含量，而且可以改善土壤性质，提高作物产量和品质，促进农田生态系统的良性循环。有机肥中主要包括较多的有机质，含有丰富的微生物群落，也包含一定比例的氮、磷、钾、钙、镁、硫等营养元素。有机肥的来源比较广泛，大多来源于动物排泄物的混合物和植物残茬堆沤形成的粪肥，也称之为农家肥，也有一部分有机肥来源于工业废弃物，比如糖渣、酒糟等，生活垃圾，比如餐厨剩余物等。已有较多研究发现，有机肥中养分含量丰富而且均衡，施入土壤后可以提高养分的利用率，补充作物所需要的营养元素，防止土壤性质恶化，比如土壤板结、酸化以及盐碱化等，而且还能提高土壤中的微生物群落多样性，这样可以提高土壤养分库容，使土壤耕性变好，这是化肥不能替代的（孔涛等，2016；LI等，2018；董文等，2020）。

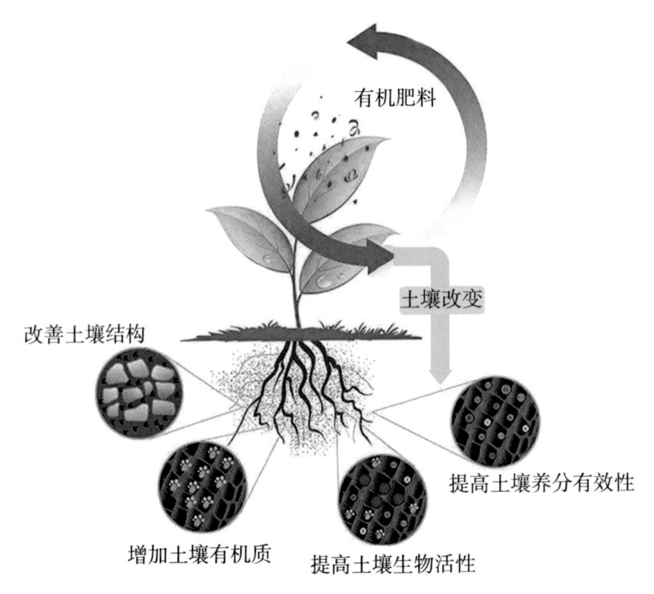

有机肥还田的作用

（1）有机肥中有丰富的有益土壤微生物。这些有益微生物能转化土壤中的难分解有机物，改善土壤的性质，活化土壤中的养分元素。土壤微生物的生长繁育速度非常快，这些微生物就像一张盘根错节的蜘蛛网，相互联系在一起。土壤微生物死亡后，其残体菌丝在土壤中形成很多肉眼看不到的孔隙，这些孔隙使土壤变得蓬松柔软，增加了土壤的透气性，养分水分容易固定在土壤中，提高土壤保水保肥能力，可以消除土壤的板结和酸化，避免发生盐渍化。有机肥中的有益微生物还可以阻止病虫害的发生，这样就可以减少农药的投入，节约成本。如果连续多年施用有机肥，就可以有效阻止土壤病虫害的发生，有机肥还田省工、省钱、还无污染。

（2）有机肥施用能够活化土壤中的微量元素。土壤中的微量元素大多以不溶态形式出现，在这些形态作物根部是无法进行吸收利用的，因而使用有机肥就能够活化土壤中的各种微量元素，同时由于有机肥中还存在着一些有机酸类物质，这类物质就如同从温水里进入了冰块中一般，很快地就能够将一些难溶态的植物需要的微量元素钙、镁、硫、铜、锌、铁、硼、钼等活化，成为能够被作物根部进行吸收利用的营养化合物，从而显著增加营养物质的利用率，大大提高土地的供肥能力。

（3）有机肥的施用可以提高化肥的利用率。已有越来越多的研究发现，当年化肥施入到土壤后，当季的利用率只有30%～45%。其余有一部分挥发至空气中或随雨水径流进入江河湖海，这是损失掉的，还有一部分被固定在土壤中，这部分是不能直接被作物根系直接吸收利用，而且随着积累量的增加，还容易造成土壤的板结、酸化或盐渍化等不良后果。当有机肥施入土壤后，有机肥中的有益生物就可以转化分解这一部分固定态养分物质，提高化肥的利用率，从而减少了化肥的损失。因此，化肥和有机肥配施，能使化肥有效利用率提高到50%以上。

（4）有机肥施用可以增加作物产量，改善农产品质量。“庄稼一枝花，全靠粪当家”，自古以来我国传统上便有有机肥还田的习惯。一直以来，都十分重视有机肥的施用，并且把施用有机肥料作为绿色或者无公害食品生产的硬性条件。在含有同等营养元素的情况下，有机肥与化肥相比较，播种前施用时，有机肥施用的效果比化肥要好，后期作为追肥施用时，经过堆沤腐熟后的有机肥效果要比化肥好得多，特别是改善农产品品质比化肥效果更好。

（5）有机肥施用可减少土壤养分固定，并提高营养元素的利用率。有机肥中还存在着多种产生螯合力的羟基类物质，包括有机酸含量、腐殖质酸等，其中，羟基类物质能够和许多金属元素螯合产生螯合体，从而能够将土壤中稳定的植物营养成分有效化。将有机肥和含磷肥料复合使用，有机肥中的有机酸浓度和螯合体能够阻止土壤有效态的磷和其他元素离子结合，还能够减弱土壤难溶态和无法被植株吸收利用的磷肥形态稳定性，从而显著增加了土壤有效态的磷肥浓度。

（6）有机肥施用促进了土壤团聚体的形成。土壤团聚体是凝聚胶结作用后形成的个体，具有保水保肥、抗旱保墒等作用，是土壤肥力形成的重要基础，也是土壤肥力的表征指标之一。有机肥中含有的有机物质具有很好的胶结作用，可以把土壤颗粒联系在一起，可以提高土壤物理性质、通气性能，有利于作物根系生长。

2.2.2.3 添加生物炭

生物炭是有机材料（如作物秸秆、玉米芯、花生壳、树木枝条等）在厌氧条件下热降解（热解）的产物，具有碳含量高、多孔、碱性、吸附力强、用途多等多项特性，可以起到改善土壤环境、增加土壤肥效、提高农作物产量、修复土壤等多重功效（Lehmann和Joseph，2009）。可用于制备生物炭的材料来源十分广泛，这也使得该技术能够与农业可持续发展、环境治理以及新能源替代等方面很好地结合。土壤中自然存

在大量的碳元素，这些碳元素受到扰动后很容易变成CO_2被释放到空气中。但是，生物质变成黑色碳肥被施入土壤后则可以固定碳元素长达几百年。一直以来，生物炭作为一种提高土壤肥力和减缓气候变化的手段在全球范围内得到了广泛的评价（Lehmann，2007a，Laird，2008年，Sohi等人，2010年）。

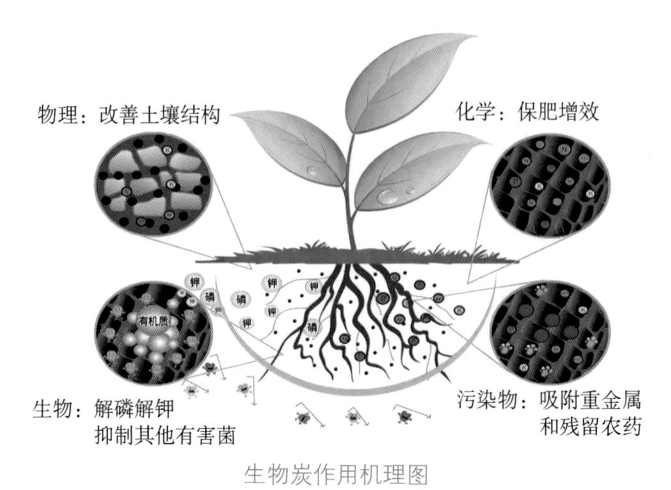

生物炭作用机理图

资料来源：https://zhuanlan.zhihu.com/p/139952198。

（1）对土壤物理性质的影响。生物炭对土壤物理性质的影响是多方面的，这主要是由于生物炭的特殊性质决定的，高温无氧环境下生物质变得疏松多孔，具有较强的吸附能力，作为改良剂应用到农田后胶结在土壤颗粒表面改变了土壤孔隙结构、团聚体结构等土壤性质，进而影响土壤的水、气、热条件。生物炭的疏松多孔结构可有效降低土壤容重，提高土壤孔隙度，从而增加土壤对养分元素的吸附和利用。而且，生物炭的疏松多孔特性可增加土壤通气性和持水性，使土壤外界环境很好地进行物质和能量交换。此外，生物炭进入土壤后和土壤各级团聚体含量有较强的线性关系，而且研究发现，随着生物炭施用量的增加，土壤团聚体的稳定性逐渐加强。良好的土壤团聚体结构可以为作物生长繁育提供有效的水分和养分，为微生物生长繁殖提供有利的场所，同时可以减少有机碳的损失，提高土壤供水供肥能力，最终提高作物产量。

（2）对土壤化学性质的影响。由于生物炭的特殊性质，生物炭多呈碱性或接近中性，生物炭添加到土壤后可以影响到土壤的酸碱性，酸性土壤施用生物炭后，土壤酸性会减弱，趋于中性，而在碱性土壤添加生物炭后，pH升高并不明显。生物炭添加对土壤酸碱性的变化与土壤和生物炭自身pH及生物炭施用量有关，两者的酸碱度相差越大，生物炭的施用量越大，对土壤酸碱性的改变越明显。此外，生物炭施用可以通过养分直接添加或富集土壤养分改变土壤肥力条件。

（3）对土壤生物的影响。生物炭施入土壤后为微生物繁殖生长提供丰富的营养物质、适宜的土壤pH等有利的生存条件，对微生物的丰富度和多样性，以及群落结构及群落功能等性质有益。土壤微生物是土壤中氧化、硝化、氨化、固氮、硫化等生化反应过程的分解者和转化者，尤其是土壤营养元素的吸收、转化和循环。土壤中施用生物炭后对土壤微生物活动的影响有两个方面，一方面，生物炭可为土壤微生物生长繁殖提供丰富的营养物质、适宜的土壤pH等有利的生存条件，提高微生物附着，降低淋洗，还可以增加一些微生物种类的活性和微生物生物量，提高有益微生物的生长和繁育能力，进而间接改善土壤质量。另一方面，由于生物炭含有较高的碳含量，碳比例较大，和部分钾、钙、钠、磷等组分，这些营养元素可以为微生物的生长和繁育提供必须的食物来源，提高土壤中有益微生物的多样性和丰富度，有利于土壤中养分循环等功能微生物的繁殖生长，从而改善土壤肥力状况。除此之外，农田土壤应用生物炭后可以显著改变土壤中微生物组成及分解或转化酶活性，又有利于保持土壤中的养分和水分，促进养分元素向有效态转化有利于作物根系直接吸收和利用。

（4）对土壤中污染物的影响。土壤中存在的污染物会对作物生长发育产生影响，进而会影响粮食品质。生物炭施入土壤后不仅影响土壤生化和物理性质，而且由于它的较强的吸附和多孔隙性质，还会与农药、多环芳烃等有机污染物及氮、磷、重金属等无机污染物产生作用，降低其污染程度。由于生物炭具有多孔隙的特性，添加到土壤后对土壤污染物的影响主要体现在吸附和转化两种方式，通过对污染物质的吸附，然后对其进行降解转化，有效减轻或消除污染物质有效态含量。

2.2.3 秸秆还田技术和效应

农作物秸秆是指农作物收获籽粒粮食后残留的部分，主要包括地上部分秸秆残茬，这一部分富含多种营养物质，主要包括碳、氮、磷、钾、钙、镁和有机质、蛋白质、灰分等营养物质，是一种用途很广泛的、具有很高价值的可再生生物资源。我国是世界第一产粮大国，与此同时，秸秆资源也位居世界第一，每年可产生10亿吨农作物秸秆。然而，长期以来我们只注重农作物果实而忽视农作物的秸秆，如何解决大量农作物秸秆资源化利用问题是农业可持续发展面临的一项重要挑战。已有较多研究发现，农作物收获后将秸秆归还到土壤是一项提高其利用率的途径，并且给土壤带来很多有益的影响，比如提高土壤中养分含量、增加土壤有机质、改善土壤理化性状、调节土壤微生物群落多样性和丰富度，被认为是一种有效的改造中低产田的措施。

（1）作物秸秆资源。我国每年的农作物秸秆生产量巨大，是重要的可持续生产的自然资源。随着农作物产量的不断提高，农作物秸秆产量大幅度增长。中国现在是世界上秸秆资源最丰富的国家之一，在过去的几十年里，中国作物秸秆产量的年平均增长率约为4%（于秋竹等，2018）。其中以玉米、小麦、稻谷等主要粮食作物的秸秆增长量最显著。自1975年至2021年玉米、水稻、小麦秸秆平均每年分别增长1.8%、1.0%和1.4%，在2021年分别达到29 163万吨、23 700万吨和17 196万吨。从中可以看出玉米秸秆产量自2011年超过稻谷，一直居作物秸秆第一位。对2021年我国各类粮食作物秸秆产量进行分析也发现，玉米秸秆占的比重最大，达到36%。自20世纪70年代以来，随着我国玉米种植面积持续增长，玉米产量也不断攀升，随之而来的是玉米地上部分秸秆含量也不断增加。因此，如何合理高效地利用好数量较大的农作物秸秆对农业生产和可持续发展具有重大意义。

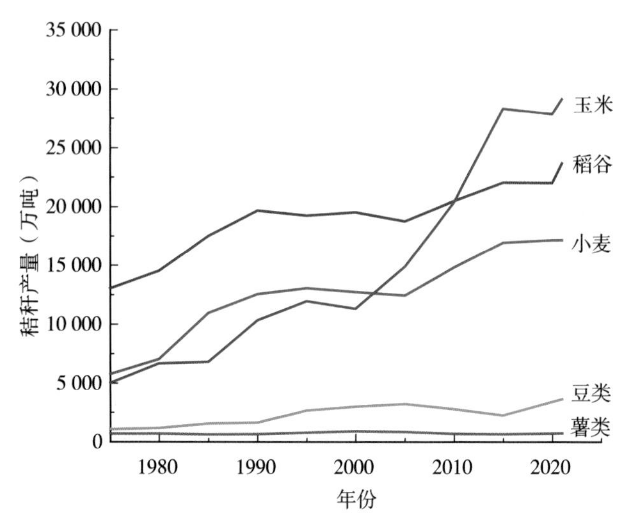

1970—2020年我国各类粮食作物秸秆产量

资料来源：http://www.stats.gov.cn/。

（2）秸秆还田技术。农作物的秸秆残茬归还到土壤中，可以达到提高土壤肥力，增加土壤有益微生物，改善土壤生态结构，保水保墒等效果，将能够有效解决因为较长时间的或绝大多数的掠夺式耕作所导致的土地综合品质低下的难题。另外还能够降低农业中化学肥料的大量施入，从而降低了秸秆燃烧后所带来的生活污染，并降低了随意堆放所产生的环保安全隐患。我国秸秆资源丰富，发展潜力大，秸秆还田技术的基础理论研究已经逐渐成熟。按照秸秆还田的途径分为秸秆直接还田、秸秆间接还田和新型秸秆利用技术。秸秆的直接还田技术主要有秸秆粉碎还田、整秆还田技术和秸秆根茬还田三种。而秸秆的间接式还田技术主要有堆沤还田、生物催腐还田、过腹还田、沼肥、养殖还田技术和生物反应器等多种形式（朱立志，2017；陈玉华等，2018；陈云峰等，2020；姜珊等，2021）。

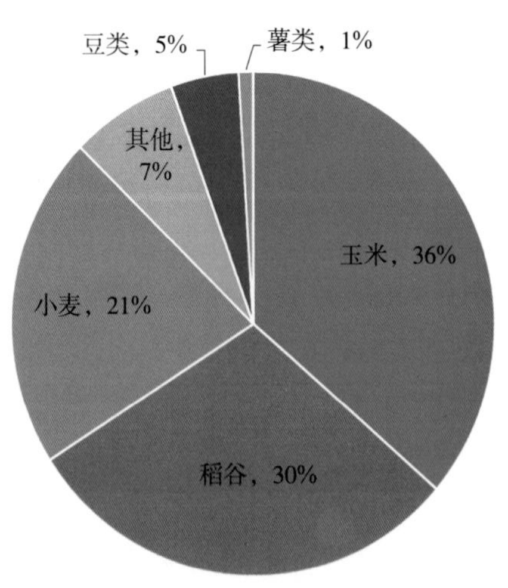

2021年我国各类粮食作物秸秆产量

资料来源：http://www.stats.gov.cn/。

2.3 保护性耕作研究进展

随着许多发展中国家的人口继续增长，在增加粮食产量以满足粮食安全需求等方面面临的挑战依然存在。然而，如今粮食产量增长必须以可持续的方式实现，办法是尽量减少对环境的负面影响，同样重要的是，增加收入，帮助改善从事农业生产的人的生计。因此，必须找到一种既有利于实现粮食作物稳产高产，有益于生态环境的可持续农业耕作方式。保护性耕作最初是由联合国粮农组织提出的，作为一种资源节约型农业作物生产的概念，其基础是结合外部投入对土壤、水和生物资源进行综合管理（Su等，2021）。

2.3.1 保护性耕作的起源

人类耕作栽培的历史可以追溯到几千年前，当时人类从狩猎和采集转变为定居农业，农业经历了刀耕和锄耕两个时期，主要分布在底格里斯河、幼发拉底河、尼罗河、扬斯特河和印度河流域。公元前3000年左右，在古希腊的两河流域发现了使用犁的记录，农业上开始使用铁犁牛耕，便于深耕细作，农业生产出现了一次飞跃。随着资本主义在西方的兴起，传统农业开始向现代农业过渡，在20世纪初以动力机械为主的传统耕作措施开始一直持续到20世纪中期。传统耕作中，翻耕不同于其他自然干扰，因为在自然界中没有任何东西可以重复和有规律地翻到指定的深度（Lal，2001）。因此，植物和土壤生物都没有进化或适应这种剧烈的扰动。这种耕作使土壤处于不稳定的平衡状态，加剧了水和风侵蚀土壤的风险，破坏了水和其他元素（C、N、P、S）的循环，并改变了土壤动植物的栖息地。这种翻耕作业具有以下优点（Raj等，2021）：

（1）使土壤变得疏松，可为播种前做准备，种子可容易地放在适当的深度。

（2）土壤养分更容易被植物生长利用。

（3）通过耕作可以暂时缓解土壤压实，可以粉碎土壤形成的地下压实层。

（4）有助于使土壤中的有机物通气，从而帮助植物释放和利用有机物。

这样的耕作方法看似是有利的，但对农民、环境和农业赖以生存的自然资源是有代价的。20世纪30年代，一位有远见的农业科学家首次质疑这种耕作，并指出了这种耕作带来的负面影响（Faulkner，1943），有以下几个方面：

（1）翻耕耕作的成本高，包括拖拉机的燃料、设备的磨损和操作员的成本。

（2）柴油燃烧产生的温室气体排放加剧了全球变暖。

（3）土壤有机质通过耕作暴露在空气中时会被氧化，加速土壤有机质的氧化分解，导致土壤有机质含量下降。

（4）耕作会破坏根系和微生物活动留下的孔隙。

（5）在干旱、半干旱地区，翻耕后的田地土壤裸露，容易造成土壤风蚀，导致土壤肥力退化，形成沙尘暴，破坏生态环境。

（6）长期翻耕容易形成犁底层，造成土壤紧实，影响土壤的通透性等。

以耕作为基础、高度机械化的传统农业被认为是造成水土流失、地表水和地下水污染以及用水量增加的主要原因。此外，它还与土地资源退化、野生动物和生物多样性减少、能源效率低下以及全球变暖问题有关。在经济发展的各个阶段，以耕作为基础的农业集约化对土壤、水、地形、生物多样性和自然提供的相关生态系统服务等基本自然资源的质量产生了负面影响（Dumansky等，2014）。

20世纪30年代，在美洲中西部地区出现了一次人类史上空前未有的巨大黑色龙卷风。狂风整整刮了3天3夜，构成一条东西长2 400多公里，南北宽1 440多公里，平均高度为3 400多米的快速移动中的巨型黑色暴雨带，历史上称为“黑风暴”。风暴所经过之处，小溪断流，水井枯竭，土地龟裂，大量农作物枯死，家畜渴死，千万人流离失所。其原因主要是不合理的农垦、过度放牧、单一耕种，这些现象必然导致植被和地表结构的破坏，使土地沙化、生态系统失衡。这次灾难事件之后，人类长期一成不变的耕作方式首次受到质疑，有人提出了减少耕作和保持土壤覆盖的概念，并引入了保护性耕作这一术语，以反映这种旨在保护土壤的做法（UngerMcCalla，1980；ManneringFenster，1983）。

2.3.2 保护性耕作的原则和重要性

由于传统的耕作方式不断翻耕土壤、清除作物残茬，破坏了土壤结构和生物多样性，降低了土壤有机质含量，导致土壤压实，增加径流和侵蚀，威胁到土壤生产力、生态环境和人类健康，是不可持续的农业耕作措施。此外，传统耕作方式增加了温室气体的排放，加速了气候变化（Bista等，2017）。在世界范围内，不合理的耕作方式加速了许多自然生态系统的退化，减少了生物多样性，增加了荒漠化的风险，并且对土壤、水、地形、生物多样性和自然提供的相关生态系统服务等基本自然资源的质量均产生了负面影响。当前，农业生产面临的挑战是其带来的环境污染和气候变化，比如，农业生产排放的温室气体（CO_2、N_2O和CH_4）约占温室气体排放总量的30%，是引起全球气候变暖的主要原因（Busari等，2015）。这种变化所带来的极端气候事件发生的频率越来越高，导致作物产量和生产率下降，并直接威胁粮食安全。因此，迫切需要一种在生态上是可持续的，而且是有利可图的耕作模式。全球证据表明，当前的传统农业实践需要转变，以改善粮食安全和环境保护，粮食安全和环境保护应成为当今和21世纪农业系统可持续性的主要目标。

联合国粮食及农业组织认识到需要一种能保护和加强自然资源基础和环境的生产性和有利可图的农业，从而有助于利用以土地为媒介的生态系统服务为社会造福，制定了一种“可持续生产”的新模式（UngerMcCalla，1980）。此外，必须提高生产系统对生物和非生物胁迫和冲击的适应力，特别是气候变化对作物生产产生的影响。可持续的作物生产集约化必须既能减少气候变化对作物生产的影响，又能通过减少温室气体排放和促进土壤碳固存，在缓解导致全球变暖的因素方面做到“气候智慧型”。提高地上和地下作物生产系统的生物多样性，以改善生态系统服务，从而提高生产力，改善环境，提高对气候胁迫因素的适应能力（Blevins等，1983）。必须尽一切努力避免农业土地和生态系统服务的退化。因过去滥用而退化的农业土地必须恢复原状。保护性耕作替代传统耕作可以满足以上这些目标。保护性耕作减少了农业机械消耗的能源，从而减少了温室气体的排放，增强了土壤中的生物活性，提高了作物产量的稳定性，节省了耕作成本。最重要的是保护性耕作进行的时间越长，得到的收益越多。

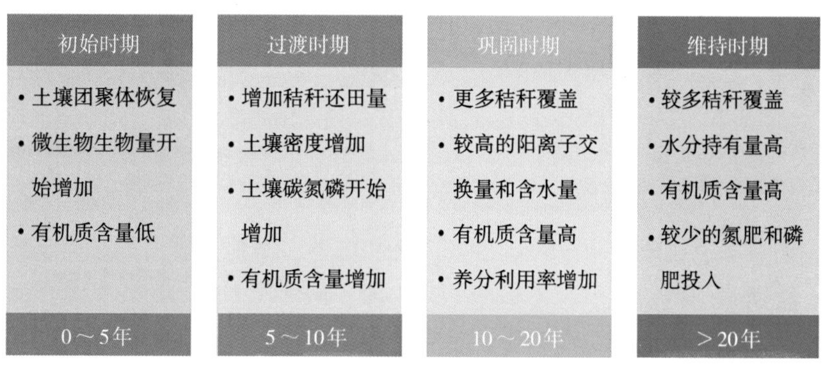

保护性耕作时间尺度演化特征

资料来源：Derpsch，2008。

保护性耕作是用大量秸秆残茬覆盖地表，将耕作减少到只要能保证种子发芽即可，主要用农药来控制杂草和病虫害的耕作技术。与传统农业相比，保护性耕作改变了土壤理化性质和微生物活性。这些变化反过来会影响生态系统的调节功能，包括通过固碳和温室气体排放来调节气候，以及通过土壤物理、化学和生物特性来调节和提供地下水资源（Busari等，2015）。保护性耕作还可能影响支持许多生态系统服务的潜在生物多样性。有明确的证据表明，随着保护性耕作的进行，土壤有机质含量会升高，由于有较多的秸秆覆盖在土壤表面，从而减少侵蚀和径流，以减少土壤退化，提高农业可持续性（Bista等，2017）。未来十年，农业必须通过更有效地利用自然资源，在对环境影响最小的情况下，以更少的土地可持续地生产更多的粮食，以满足不断增长的人口需求。

2.3.2.1　最小的土壤机械扰动

在保护性耕作系统中最小的土壤机械扰动可以理解为免耕或零耕农业以及减少耕作等。这主要体现在机械播种和其他田间耕作方面。直接播种或种植是指在没有其他机械耕作的情况下种植作物，并且在作物收获前后对土壤的机械扰动程度最低（Hobbs，2007）。如果增加其他的土壤机械耕作，首先会造成耕作成本的增加，并伴随着拖拉机消耗大量的化石燃料，同时也排放温室气体（主要是CO_2），在耕地时造成全球变暖。免耕减少了这些成本和排放。根据研究发现，土壤耕作是所有农业作业中消耗能源最多的一种，因此在机械化农业中，土壤耕作会污染空气。与传统耕作相比，农民不耕作土壤可以节省30%到40%的时间和劳动力，在机械化农业中，还可以节省化石燃料（Derpsch等，2014）。免耕缩短了种植作物的时间。耕作所需的时间也会延误作物的及时种植，从而降低产量潜力。随着时间的推移，耕作和当前的农业做法导致土壤有机质的下降，导致土壤矿化加剧。

资料来源：https://www.fao.org/conservation-agriculture/en/。

2.3.2.2 永久的地表覆盖

土壤表面总有有机物质覆盖可以减少水分的蒸发、增加土壤的持水能力、增强水分的入渗等。长期采用覆盖方式对土壤的土壤物理、化学、生物功能和土壤质量都有积极的影响。这种有机物质可以是前茬作物秸秆和覆盖作物，也可以是堆肥和肥料的形式外施覆盖物。如果土壤表面清除了覆盖物，雨滴落在裸地上的能量会破坏土壤团聚体，堵塞土壤孔隙，迅速减少水分入渗，从而导致径流和土壤侵蚀。土壤表面增加了一层覆盖，可以保护土壤不受雨滴侵蚀的影响，表层土壤不受土壤团聚体破坏，增强了水的渗透，减少了土壤因侵蚀而流失。另外，表面的残留物，可以避免因风的侵蚀而使表层肥沃的土壤流失。土壤表面覆盖还有助于减少水分从土壤蒸发损失，也有助于调节土壤温度（Peixoto等，2020）。

资料来源：https://www.fao.org/conservation-agriculture/en/。

2.3.2.3 作物轮作

作物轮作不仅是为了使土壤微生物的“营养”多样化，而且是为了保证根系结构不同的植物能够从土壤不同深度吸收养分。轮作中的多种作物还可以将难以利用的养分循环转化为可供作物吸收的可用形式。通过这种方式，轮作起到了生物泵的作用。此外，轮作中作物的多样性加强了土壤动植物的多样性，因为根部分泌各种有机物质，可以吸引各种类型的细菌和真菌等微生物。这些土壤微生物在将养分转化为植物可利用的形式等方面发挥着重要作用。轮作也发挥着重要的植物保护功能，因为它可以防止一些作物特有的病虫害的传播（Dumansky等，2014；Rajsan等，2021）。

资料来源：https://www.fao.org/conservation-agriculture/en/。

不同模式的作物轮作，结合最小的土壤扰动，在免耕制度下促进了更广泛的根系通道网络和土壤孔隙的增加，这有助于水渗透到更深的地方。由于作物轮作增加了微生物的多样性，生物多样性有助于控制致病微生物，因此可减少致病微生物造成病虫害和疾病暴发的风险。保护性耕作是一种可以防止耕地流失，同时恢复退化土地的农业系统。它促进了永久性土壤覆盖的维护、土壤扰动的最小化和植物物种的多样化，增强了地表上下的生物多样性和自然生物过程，有助于提高水和养分的利用效率，改善和维持作物生产。保护性耕作原则普遍适用于所有农业用地，并采用当地适应的做法（Reberg-Horton等，2012）。

地球上大约1/3的土壤已经退化。在许多国家，传统耕作的农业生产已经正在加剧土壤退化，以至于这些地区的未来粮食安全受到威胁。健康的土壤是发展可持续作物生产系统的关键，该系统能够抵御气候变化的影响；并且包含多种多样的生物群落，有助于控制植物病害、昆虫和杂草种群；促进土壤养分循环利用，改善土壤结构，对保水能力、养分保持和供应以及有机碳水平均产生积极影响。保护性耕作的劳动密集度降低了20%～50%，因此，通过降低能源投入和提高养分利用效率，有助于减少温室气体排放（Hobbs等，2008）。同时，它能稳定和保护土壤，防止土壤矿化向大气释放CO_2。保护性耕作在全球、区域、地方和农场层面提供了许多优势，是一个真正可持续的生产系统，不仅保护而且加强了自然资源，增加了农业生产系统中土壤生物群、动植物的多样性，同时又能保证高产水平的产量。

2.3.3 全球保护性耕作发展现状

保护性耕作最早出现在美国，美国在20世纪30年代遭遇黑风暴后，在50年代逐渐形成机械化免耕技术，60年代欧洲、加拿大等机械化发达国家开始研究采用免耕技术，70年代澳大利亚、拉丁美洲开始采用，经过半个世纪，美国、澳大利亚、加拿大等国家保护性耕作稳步发展，拉丁美洲国家突飞猛进，保护性耕作已经成为这些国家的主体耕作技术。免耕播种技术的发展使农民可以在不进行任何土壤耕作的情况下直接播种。免耕技术传到了巴西，在那里，农民和科学家将这项技术转化为今天被称为保护性耕作的系统。从20世纪90年代初开始，保护性耕作开始呈指数级增长，引起巴西南部、阿根廷和巴拉圭的农业革命。20世纪90年代，这一发展越来越引起世界其他组织的关注，包括粮农组织、世界银行等组织。它们在世界各地为农民和政策制定者组织了巴西考察团、区域讲习班、发展和研究项目，提高了赞比亚、津巴布韦、莫桑比克、坦桑尼亚和肯尼亚等非洲国家以及亚洲国家的认识和采纳水平，尤其是在哈萨克斯坦和中国（Peixoto等，2020；Raj等，2021）。

据统计，2008年全球保护性耕作面积约为10 651万公顷，占全球耕地面积的7.5%；2013年，全球保护性耕作面积约为15 674万公顷，占全球总耕地面积的11%；在5年期间保护性耕作面积增加约为5 023万公顷，提高了47%（表2-1）。2015年，保护性耕作的耕地面积约为18 044万公顷，占全球耕地面积的12.5%，比2008年增加了约7 389万公顷（Giller等，2015）。目前，全球近80个国家的农民在超过20 000万公顷的土地上进行保护性耕作，约占全球耕地面积的15%。

表2-1　全球保护性耕作应用分布

国家	保护性耕作应用面积（万公顷）		
	2008年	2013年	2015年
美国	2 650	3 561	4 320
巴西	2 550	3 180	3 200
阿根廷	1 972	2 918	3 103
加拿大	1 348	1 831	1 991
澳大利亚	1 200	1 770	2 230
其他	931	2 414	3 200
合计	10 651	15 674	18 044

资料来源：Kassam等，2019。

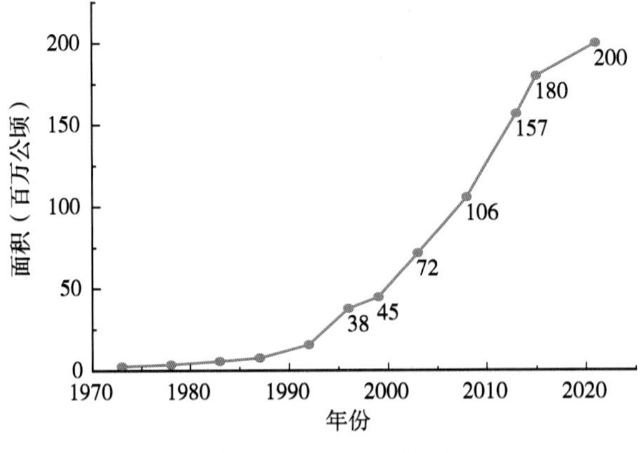

全球保护性耕作面积变化

资料来源：RajSanjay等，2021；The 8th World Congress on Conservation Agriculture；FAO，2021。

保护性耕作是相对于传统耕作而言的一种新型耕作技术，目前在国际上尚无统一定义，通常以秸秆残茬覆盖量为标准。美国将作物播后地面覆盖率大于30%、免耕或播前一次表土作业、并用除草剂控制杂草的作业方式称为保护性耕作。加拿大学者则认为只要在侵蚀发生期间，水侵蚀地区地表作物秸秆覆盖率大于30%、风侵蚀地区地表作物秸秆残留量大于1 000千克/公顷，能满足上述条件的任何农艺和栽培措施都是保护性耕作。2002年我国农业部将其定义为“对农田实行免耕、少耕，用作物秸秆覆盖地表，减少风蚀、水蚀，提高土壤肥力和抗旱能力的先进农业耕作技术”。现在，农民在100多个国家的2亿多公顷（占世界年耕地面积的15%）上使用保护性耕作，覆盖了各大洲，尤其是非洲、亚洲和欧洲不同的农业生态区和农场规模。它提高了农业生产效率，降低了成本，同时保护和加强了土地、水、生物多样性和气候等自然资源。保护性耕作积累了很多经验和科学知识，正在全球范围内广泛的应用（Kassam等，2019）。

经过60多年的探索，人们总结形成了以秸秆覆盖少/免耕为主要特点的保护性耕作技术，包括常规耕作（conventional tillage）、原垄垄作少耕技术（ridge-tillage）、免耕技术（no-tillage）以及条耕技术（strip-tillage）等主要技术（Reicosky，2015）。

常规耕作即作物收获后，清除地表秸秆残茬，旋耕起垄或翻地后进行镇压等整地作业后进行播种。

免耕就是不进行旋耕、翻耕作业，在平整的耕地表面种植，不起垄，通过平作减少耕地表面积而降低土壤水分蒸发，在收获作业时将秸秆均匀覆盖在耕地表面，应用免耕播种机作业，一次进地完成侧深施肥、切断秸秆、种床整理、单粒播种、覆土镇压等工序。

原垄垄作是指机械收获后秸秆集中覆盖在垄沟、每年播种在相同垄上的技术模式。上年玉米收获的同时粉碎秸秆，还田覆盖在垄沟，翌年春季在垄中央或垄侧进行免耕播种，可在6月中下旬进行中耕培垄作业。

条带耕作技术是通过条带耕作机处理秸秆覆盖的土壤，形成条带，土壤扰动不超过1/3，玉米生长期行间有秸秆覆盖。条耕的优势是，降低土壤水分，较快地提高播种带土壤温度；减少土壤压实，增加土壤孔隙度；抑制农田杂草，丰富土壤生物；减少表土流失，降低碳排放，改善耕层结构，保蓄养分，提高土壤肥力。通过条耕，既保持了地表面有较大面积的秸秆覆盖量，又解决了播种质量和出苗生长的问题。

条带浅旋技术是利用条带浅旋耕作机，在秸秆集行机集行后，浅旋露出苗带后直接免耕播种。

2.3.4 我国保护性耕作发展现状

我国保护性耕作起步于20世纪60年代，刚开始由于技术和条件的限制，发展较为缓慢。60年代初到70年代末属于初步摸索阶段，80年代初部分高校和农业科学院开展了作物秸秆覆盖或少、免耕等试验研究，90年代开始了机械化保护性耕作系统试验研究，并取得了较大进展（刘文政等，2017；何进等，2018）。进入21世纪后，随着我国北方旱区农田风蚀沙化面积的增大，土壤肥力的下降和资源与环境压力的上升，国内大力开展适应旱地农业可持续发展的保护性耕作技术研究。2002年政府首次出台相关政策，提出保护性耕作的正式定义与范围，并设立专项资金推动保护性耕作发展。2007年农业部出台《大力发展保护性耕作的意见》，标志着我国保护性耕作研究迈入新时期。2008年统计结果显示，保护性耕作实施面积287万公顷，2011年达到550万公顷，2016年达到868万公顷（刘爽等，2018）。

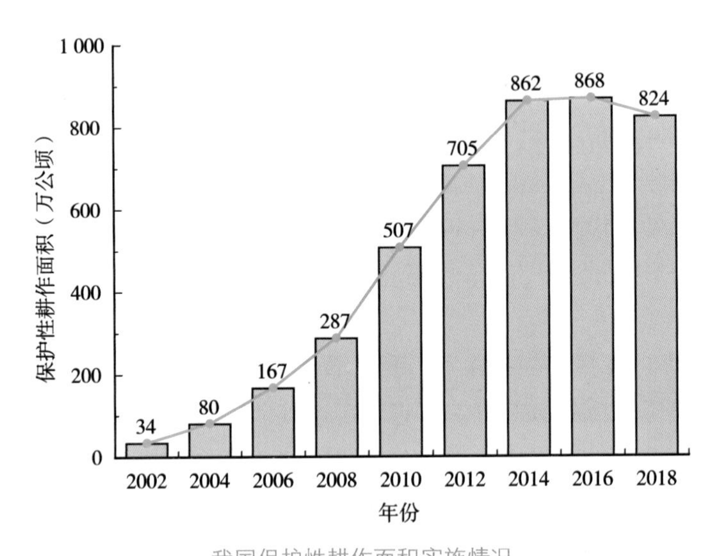

我国保护性耕作面积实施情况

资料来源：《2021年中国农业机械工业年鉴》。

至2018年，我国保护性耕作推广应用面积达到824万公顷，占全国耕地总面积的6.13%。东北地区保护性耕作面积增长迅速，年均增长16%，2015年面积最大，达466万公顷；黄淮海地区保护性耕作面积在2012—2017年保持在280万公顷左右，2018年面积增长明显，达328万公顷，较2017年增加了21%；西北地区保护性耕作面积基本保持平稳态势，近几年一直稳定在160万公顷左右（杜友等，2020）。

受地理条件限制和社会发展因素影响，从资源来看，我国耕地资源有限、结构不好、后备不足的问题长期存在；从耕地质量的影响因素看，环境恶化、水体污染、退化持续的现状仍然存在；从耕地利用现状看，功能退化、增产乏力、污染严重的趋势改观尚不明显，而这些因素的叠加，也使得农业生产对保护性耕作模式的依赖程度不断增强（刘爽等，2018）。但是保护性耕作技术是世界土壤保护与利用最为重要的成功经验，该技术与作物轮作、等高种植、防风林带等技术结合，已在北美、南美洲、澳大利亚等国家广泛推广应用，为世界粮食生产安全及环境质量改善做出了重要贡献。经过近20年的研究探索，我国保护性耕作的技术模式及配套机具基本成熟，具备了大面积示范推广的条件。

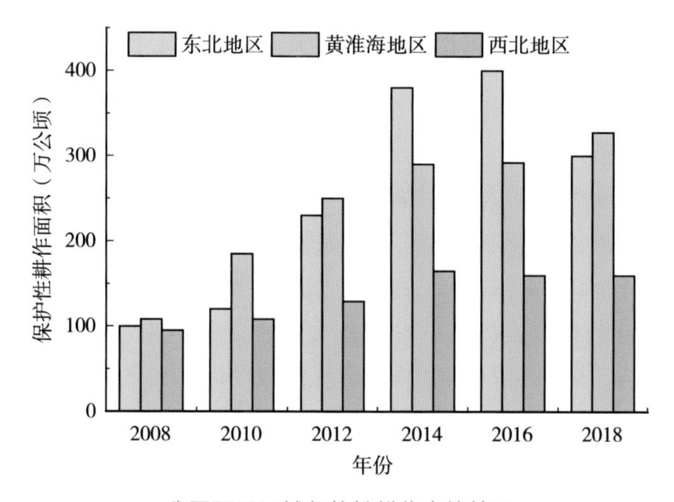

我国不同区域保护性耕作实施情况

资料来源：《2021年中国农业机械工业年鉴》。

2.3.5 我国东北地区保护性耕作现状与前景

我国东北地区耕地总面积2567.12万公顷，约占全国耕地的21.08%，是我国粮食的主产区和生产基地，也是我国著名的“粮仓”。东北地区年粮食产量占全国1/4，粮食调出量占全国的1/3，玉米、粳稻和大豆的产量分别占全国的33%、43%和52%——东北地区的粮食生产对国家粮食安全至关重要。我国东北地区作为北半球仅有的三大黑土区之一，是我国最大的商品粮生产基地。长期以来自然因素和不合理的生产经营活动使东北黑土地水土流失日趋严重，导致东北部分地区黑土地长期裸露、土壤结构退化、风蚀水蚀加剧，其中耕地水土流失占总水土流失的50%以上，如果不加以有效防治，大部分黑土层将会消失，对东北农业可持续发展和我国粮食安全形成严峻挑战。

我国东北传统耕法已经不能适应保护黑土地、保护生态环境和提高产量的需求。东北黑土区总体处于寒冷地带，秸秆还田和春天种床温度是备受关注的问题。在寒冷条件下粉碎秸秆翻埋还田，秸秆不能腐烂，影响来年春天播种，不能保证全苗。美国、加拿大寒冷地区的保护性耕作系统实践既解决地表覆盖秸秆还田又考虑种床地温，值得借鉴。

玉米免耕栽培技术研发推广体系是以玉米秸秆全覆盖、免耕为核心，实现秸秆覆盖、免耕播种、施肥、除草、防治病虫害及收获等各技术环节全程机械化，该技术体系解决了黑土区玉米秸秆移除导致土壤退化以及愈来愈重的秸秆焚烧的衍生环境问题，保证农业生产实现全程机械化，进而改善农业生态环境、提高自然降水利用效率、培肥地力、减少土壤沙化、提高工作效率，从而确保粮食产量稳定增加和实现农业可持续发展。

自2007年起，中国科学院沈阳应用生态研究所保护性耕作科研团队在吉林省梨树县高家村建立基地，进行试验小区布置。试验基地面积为15公顷，开始了玉米免耕栽培技术体系的深度研发，包括示范和推广等。持续开展了秸秆覆盖量、覆盖频率、种植模式等方面的基础研究，并结合土壤养分、生物及病虫草害综合管理体系，为保护性耕作技术模式的形成提供了数据支撑。经过几年的努力，已经摸索出一套适合辽宁、吉林黑土区，玉米秸秆全覆盖全程机械化免耕播种的全新技术模式。

推广保护性耕作列入国家《“十四五”推进农业农村现代化规划》，规划中确定粮食等重要农产品安全十二项保障工程，其中第二项工程为黑土地保护。规划确定：“黑土地保护，以土壤侵蚀治理、农田基础设施建设、肥沃耕层构建、盐碱渍涝治理为重点，加强黑土地综合治理。日前，农业农村部、财政部联合发布了《东北黑土地保护性耕作行动计划（2020—2025年）》，将东北地区推行保护性耕作上升为国家行动。在国家“东北黑土地保护性耕作行动计划”推动下，预计到2025年，可推广到1.4亿亩*。

“攥把黑土能出油”“插根筷子能发芽”，这是人们形容黑土的俗语，反映了黑土地的珍贵价值。黑土地被誉为“耕地中的大熊猫”，事关我们国家的粮食安全和未来农业发展。为了保护并利用好我国东北黑土地，自2022年8月1日起，《中华人民共和国黑土地保护法》开始施行，该法共三十八条，是以保护黑土地资源、稳步恢复提升黑土地基础地力、促进资源可持续利用、维护生态平衡、保障国家粮食安全为目的制定的法律。将黑土地纳入法律的保护框架，对黑土保护来说是具有里程碑意义的，让黑土地保护工作实现了质的飞跃。该法规实施的同时，免耕、少耕等保护性耕作技术也会被加大力度推进，真正将“藏粮于地，藏粮于技”落到实处。

参考文献

陈玉华，田富洋，闫银发，等，2018. 农作物秸秆综合利用的现状、存在问题及发展建议 [J]. 中国农机化学报，39（2）：67-73.

陈云峰，夏贤格，杨利，等，2020. 秸秆还田是秸秆资源化利用的现实途径 [J]. 中国土壤与肥料（6）：299-307.

戴志铖，张洪涛，徐迪，等，2019. 玉米秸秆还田技术 [J]. 现代化农业（4）：24-26.

董文，张青，罗涛，等，2020. 不同有机肥连续施用对土壤质量的影响 [J]. 中国农学通报，36（28）：106-110.

杜友，姚海，张园，2020. 保护性耕作推广应用现状及对策分析 [J]. 中国农机化学报，41（9）：198-203.

韩光中，王德彩，谢贤健，2015. 土壤退化时间序列的构建及其在我国土壤退化研究中的意义 [J]. 土

* 1亩＝1/15公顷。

壤，47（6）：1015–1020.
何进，李洪文，陈海涛，卢彩云，王庆杰，2018. 保护性耕作技术与机具研究进展 [J]. 农业机械学报，49（4）：1–19.
姜珊，李衍素，王娟娟，等，2011. 我国秸秆还田技术发展现状 [J]. 中国蔬菜（11）：27–32.
孔涛，马瑜，刘民，等，2016. 生物有机肥对土壤养分和土壤微生物的影响 [J]. 干旱区研究，33（4）：884–891.
刘爽，王雅，徐志超，2018. 保护性耕作在不同气候区域研究现状 [J]. 山西农业科学，46（5）：862–866.
刘文政，李问盈，郑侃，赵宏波，2017. 我国保护性耕作技术研究现状及展望 [J]. 农机化研究，39（7）：256–261.
王芳，2014. 有机培肥措施对土壤肥力及作物生长的影响 [D]. 杨凌：西北农林科技大学.
王红梅，屠焰，张乃锋，等，2017. 中国农作物秸秆资源量及其“五料化”利用现状 [J]. 科技导报，35（21）：81–88.
于秋竹，孙国徽，2018. 我国农作物秸秆资源量变化的研究 [J]. 现代化农业（9）：13–15.
张桃林，王兴祥，2000. 土壤退化研究的进展与趋向 [J]. 自然资源学报（3）：280–284.
赵其国，2008. 提升对土壤认识，创新现代土壤学 [J]. 土壤学报（5）：771–777.
赵瑞，吴克宁，张小丹，等，2019. 粮食主产区耕地健康产能评价——以河南省温县为例 [J]. 中国土地科学，33（2）：67–75.
朱立志，2017. 秸秆综合利用与秸秆产业发展 [J]. 中国科学院院刊，32（10）：1125–1132.
Armaroli N，Balzani V，2011. The legacy of fossil fuels [J]. Chemistry - An Asian Journal，6（3）：768–784.
Awale R，Machado S，Ghimire R，et al.，2017. Soil health [M]//Yorgey，G.，Kruger，C.，Eds. Advances in Dryland Farming in the Inland Pacific Northwest. Washington State University Extension Publication: Pullman，WA，USA：47–98.
Awet T T，Kohl Y，Meier F，et al.，2018. Effects of polystyrene nanoparticles on the microbiota and functional diversity of enzymes in soil [J]. Environmental Sciences Europe，30（1）：1–10.
Baldwin–Kordick R，De M，Lopez M D，et al.，2022. Comprehensive impacts of diversified cropping on soil health and sustainability[J]. Agroecology and Sustainable Food Systems，46（3）：331–363.
Bista P，Machado S，Ghimire R，et al.，2017. Conservation Tillage Systems [M]. Chapter 3 in Advances in Dryland Farming in the Inland Pacific Northwest. Washington State University Extension，Pullman，WA，USA：99–124.
Blevins R L，Smith M S，Thomas G W，et al.，1983. Influence of conservation tillage on soil properties [J]. Journal of Soil and Water Conservation，38（3）：301–305.
Busari M A，Kukal S S，Kaur A，et al.，2015. Conservation tillage impacts on soil，crop and the environment [J]. International Soil and Water Conservation Research，3（2）：119–129.
Daily G C.，1995. Restoring value to the world’s degraded lands [J]. Science，269（5222）：350–354.
Derpsch R.，2008. No–tillage and conservation agriculture：a progress report [J]. No–till Farming Systems. Special publication，3：7–39.
Derpsch R，Franzluebbers A J，Duiker S W，et al.，2014. Why do we need to standardize no–tillage research？[J]. Soil and Tillage Research，137：16–22.
Dumansky J，Reicosky D C，Peiretti R A.，2014. Pioneers in soil conservation and conservation agriculture.

Special issue [J]. International Soil and Water Conservation Research, 2 (1).

Faulkner E H., 1943. Plowman's folly [Z]. University of Oklahoma Press Norman.

Food A A O O, 2009. How to Feed the World in 2050, 2009 [C]. Food and Agriculture Organization Rome, Italy.

Gibbs H K, Salmon J M, 2015. Mapping the world's degraded lands [J]. Applied Geography, 57: 12–21.

Giller K E, Andersson J A, Corbeels M, et al, 2015. Beyond conservation agriculture [J]. Frontiers in Plant Science, 6: 870.

Gomiero T, 2016. Soil degradation, land scarcity and food security: Reviewing a complex challenge [J]. Sustainability, 8 (3): 281.

Hobbs P R, 2007. Conservation agriculture: What is it and why is it important for future sustainable food production? [J]. Journal of Agricultural Science–Cambridge, 145 (2): 127.

Hobbs P R, Sayre K, Gupta R, 2008. The role of conservation agriculture in sustainable agriculture [J]. Philosophical Transactions of the Royal Society B: Biological Sciences, 363 (1491): 543–555.

Jibir A, Abdu M, Isah A, 2016. Environmental and sustainable agricultural development in Nigeria: Matters arising and the way forward [J]. Indian Journal of Sustainable Development, 2 (2): 2–6.

Kassam A, Friedrich T, Derpsch R, 2019. Global spread of conservation agriculture [J]. International Journal of Environmental Studies, 76 (1): 29–51.

Kato E, Ringler C, Yesuf M, et al, 2011. Soil and water conservation technologies: A buffer against production risk in the face of climate change? Insights from the Nile basin in Ethiopia [J]. Agricultural Economics, 42 (5): 593–604.

Khan N, Jhariya M K, Raj A, et al., 2011. Soil carbon stock and sequestration: Implications for climate change adaptation and mitigation [M]. Springer: 461–489.

Kremer R J, Veum K S, 2020. Soil biology is enhanced under soil conservation management [J]. Soil and Water Conservation: A Celebration of, 75.

Kumar P, Tokas J, Kumar N, et al., 2018. Climate change consequences and its impact on agriculture and food security [J]. International Journal of Chemical Studies, 6 (6): 124–133.

Kweku D W, Bismark O, Maxwell A, et al., 2018. Greenhouse effect: Greenhouse gases and their impact on global warming [J]. Journal of Scientific Research and Reports, 17 (6): 1–9.

Lal R, 2001. Managing world soils for food security and environmental quality [R].

Lehman R M, Acosta–Martinez V, Buyer J S, et al., 2015a. Soil biology for resilient, healthy soil [J]. Journal of Soil and Water Conservation, 70 (1): 12A–18A.

Lehman R M, Cambardella C A, Stott D E, et al., 2015b. Understanding and enhancing soil biological health: The solution for reversing soil degradation [J]. Sustainability, 7 (1): 988–1027.

Li C, Yun S, Zhang L., 2018. Effects of long–term organic fertilization on soil microbiologic characteristics, yield and sustainable production of winter wheat [J]. Journal of Integrative Agriculture, 17 (1): 210–219.

Mannering J V, Fenster C R., 1983. What is conservation tillage? [J]. Journal of Soil and Water Conservation, 38 (3): 140–143.

Misra A K, 2014. Climate change and challenges of water and food security [J]. International Journal of Sustainable Built Environment, 3 (1): 153–165.

Nunes M R, van Es H M, Schindelbeck R, et al., 2018. No–till and cropping system diversification improve soil health and crop yield [J]. Geoderma, 328: 30–43.

Peixoto D S, Da Silva L D C M, de Melo L B B, et al., 2020. Occasional tillage in no-tillage systems: A global meta-analysis [J]. Science of the Total Environment, 745: 140887.
Pocketbook F S, 2015. World Food and Agriculture [R]. FAO Rome Italy.
Prosser J I, 2002. Molecular and functional diversity in soil micro-organisms [J]. Plant and Soil, 244 (1): 9-17.
Rahman K M, Zhang D, 2018. Effects of fertilizer broadcasting on the excessive use of inorganic fertilizers and environmental sustainability [J]. Sustainability, 10 (3): 759.
Raj V A, Sanjay-Swami P P, Singh S, et al., 2021. Conservation Agriculture: A New Paradigm Farming for 21st Century [R].
Ramankutty N, Mehrabi Z, Waha K, et al., 2018. Trends in global agricultural land use: Implications for environmental health and food security [J]. Annual Review of Plant Biology, 69: 789-815.
Reberg-Horton S C, Grossman J M, Kornecki T S, et al., 2012. Utilizing cover crop mulches to reduce tillage in organic systems in the southeastern USA [J]. Renewable Agriculture and Food Systems, 27 (1): 41-48.
Reicosky D C, 2015. Conservation tillage is not conservation agriculture [J]. Journal of Soil and Water Conservation, 70 (5): 103A-108A.
Rojas R V, Achouri M, Maroulis J, et al., 2016. Healthy soils: A prerequisite for sustainable food security [J]. Environmental Earth Sciences, 75 (3): 1-10.
Ruben R, 2019. How to feed the world in 2050: Finding answers together [R].
Searchinger T, Waite R, Hanson C, et al., 2019. Creating a sustainable food future: A menu of solutions to feed nearly 10 billion people by 2050. Final report [Z]. WRI.
Su Y, Gabrielle B, Makowski D, 2021. The impact of climate change on the productivity of conservation agriculture [J]. Nature Climate Change, 11 (7): 628-633.
Sunderland T, Powell B, Ickowitz A, et al., 2013. Food security and nutrition [J]. Center for International Forestry Research (CIFOR), Bogor, Indonesia.
Tripathi A D, Mishra R, Maurya K K, et al., 2019. Estimates for world population and global food availability for global health [M]. Elsevier: 3-24.
Trivedi C, Delgado-Baquerizo M, Hamonts K, et al., 2019. Losses in microbial functional diversity reduce the rate of key soil processes [J]. Soil Biology and Biochemistry, 135: 267-274.
Unger P W, McCalla T M, 1980. Conservation tillage systems [J]. Advances in Agronomy, 33: 1-58.
Vonk J E, Tank S E, Mann P J, et al., 2015. Biodegradability of dissolved organic carbon in permafrost soils and aquatic systems: A meta-analysis [J]. Biogeosciences, 12 (23): 6915-6930.
Yang T, Lupwayi N, Marc S, et al., 2021. Anthropogenic drivers of soil microbial communities and impacts on soil biological functions in agroecosystems [J]. Global Ecology and Conservation, 27: e1521.
Yurchenko I F, Bandurin M A, Volosukhin V A, et al., 2018. Reclamation measures to ensure the reliability of soil fertility [C].

第3章

保护性耕作条件下玉米增产技术

品种筛选、肥料选择、生育期管理是玉米增产的先决条件。根据本地区气候条件选择相适宜的玉米品种，根据种植地块的土壤类型和地力条件选择相适宜的肥料种类和施用方法，按照玉米各生育期的阶段性特征进行针对性技术管理，是夺取玉米高产的必由之路。

3.1 品种的选择

在玉米生产中，应当种植哪一类型的品种，要根据当地的气候、土壤、生产水平、种植方式、作物布局以及机械化程度的高低等条件来确定。选择通过审定的玉米品种。审定的品种一般有三个来源，第一个来源是在本省已经审定的品种，第二个来源是适宜种植区域包括东北、华北地区的国审品种，第三个来源是辽宁省农业农村厅《关于主要农作物审定品种同一适宜生态区引种备案的通告》中备案的其他省份审定品种。为了了解某个品种的特征特性，建议农民朋友登录“种业大数据平台”网站（http://202.127.42.145/bigdataNew/），查询自己感兴趣的品种。也可以在手机上安装“种业通”软件，获取品种的审定信息和购买渠道。

3.1.1 品种熟期的选择

品种选择首先要求适宜的生育期，充分利用生育期内的有效积温是夺取高产的基本保障。玉米的生育期是指从出苗到成熟的天数。生育期的长短与品种、播期和温度有密切关系。依据联合国粮食及农业组织（FAO）的国际通用标准，把玉米的熟期分为7种类型：

（1）超早熟类型。植株叶片总数8～11片，生育期70～80天。

（2）早熟类型。植株叶片总数12～14片，生育期81～90天。

（3）中早熟类型。植株叶片总数15～16片，生育期91～100天。

（4）中熟类型。植株叶片总数17～18片，生育期101～110天。

（5）中晚熟类型。植株叶片总数19～20片，生育期111～120天。

（6）晚熟类型。植株叶片总数21～22片，生育期121～130天。

（7）超晚熟类型。植株叶片总数23片，生育期131～140天。

玉米品种在整个生育期间所需要的活动积温（生育期内逐日≥10℃平均气温的总和）基本稳定，生长在温度较高条件下生育期会适当缩短，而在较低温度条件下生育期会适当延长。由于玉米种植区的无霜期是相对固定的，品种过短的生育期浪费了当地有效积温，过长的生育期严重时会造成籽粒不成熟，轻者会造成收获时水分过高。

品种公告中有的会标明活动积温，有的只是标明“比对照品种早熟或晚熟几天”。目前辽宁省玉米区域试验中，中熟杂交种的对照品种是先玉335，在东北、华北地区生育期127天，需活动积温2 750℃左右。中晚熟杂交种的对照品种是郑单958，在辽宁春播生育期131天左右，需活动积温2 800℃左右。晚熟杂交种的对照品种是沈玉21，在辽宁省春播生育期135天左右，需活动积温3 000℃左右（表3–1）。

表3–1　辽宁玉米品种熟期类型

品种类型	生育期（天）	叶片数（片）	活动积温（℃）	代表性品种
中熟	115～124	17～20	2 550～2 700	先玉335
中晚熟	125～134	19～22	2 700～2 900	郑单958
晚熟	≥135	21～25	≥2 900	沈玉21

3.1.2 品种类型的选择

玉米是依靠群体增产的作物，需要合理密植。适当增加玉米种植密度是提高玉米单产的有效方法。不同类型的品种适宜的种植密度不同。密植型品种和稀植型品种通过适当增加密度都可以得到提高产量的效果。研究表明，在推荐种植密度的基础上，增加10%的种植密度，无论是密植品种，还是稀植型品种，都能够提高产量。

目前，市场上常见的玉米品种主要有三种株型：紧凑型、半紧凑型、平展型。不同株型品种适宜的地力条件不同，紧凑型品种一般耐密植，适宜在平地等地力较高的地块种植；平展型品种一般不耐密植，适宜在砂地或洼地等瘠薄地块种植；半紧凑型品种介于两者之间，一般适宜在中等地力以上的地块种植（王娜，2011；唐丽媛等，2012）。农户种植的地块分散，地力水平差异较大，在选择品种的时候，应该根据地力高低选择不同株型的品种，并且在种植的时候分别对应采用密植或稀植两种方法。

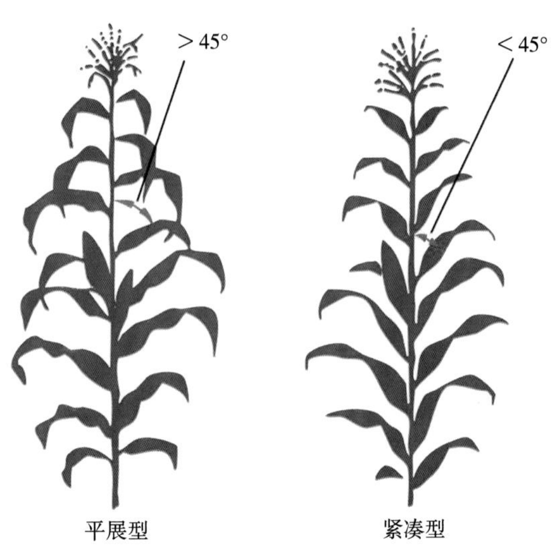

玉米主要株型

密植型代表性品种如东单1331，稀植型代表性品种如丹玉405，半紧凑型代表性品种如良玉99。

3.1.3 品种抗倒性

近几年，辽宁玉米生育中后期频繁遇到台风登陆，暴雨和大风造成玉米大面积倒伏，农户对玉米品种的抗倒性非常重视。穗位系数是判断品种抗倒性的一个主要参数。穗位系数是玉米雌穗距地面高度占全株高度的比值。有研究表明，不同品种穗位与株高的比值相对稳定，而且表现出穗位系数与倒伏率成反比。穗位系数大于0.4时，品种倾向于易倒伏，降低穗位高能够明显减少植株倒伏率（王娜，2011）。对于穗位系数较高的品种，应该适当降低种植密度（唐丽媛等，2012）。例如，某品种株高305厘米，穗位127厘米，穗位系数为127厘米/305厘米≈0.42，穗位系数略微偏高，在种植密度的确定上就要严格按照该品种栽培技术要点中说明的清种亩保苗2 800株左右，否则容易造成倒伏。

3.1.4 品种抗病性

影响农户销售玉米价格的首要病害是玉米穗腐病。按照玉米国家标准（GB 1353—2009）要求，玉米生霉粒应小于或等于2%，每100粒玉米中霉变粒不能超过2个。因此，在选择品种抗病性时，对穗腐病的考查应该放在首位。发生茎腐病的玉米，生育后期容易倒伏、掉穗，也容易继发穗腐病，对茎腐病的考查应该放在第二位。受气候条件影响，玉米叶部病害的发生往往是区域性的、局部性的，其重要程度相对较低，对叶部病害的考查可以放在第三位。一些农户收获玉米秸秆饲喂牲畜，对叶部和茎秆发生的病害比较敏感，一旦发病植株容易发生霉变，不利于牲畜健康，需要格外关注品种对叶部病害的抗性。

3.1.5 品种丰产性

利用品种审定公告的品种特征特性数据，农户可以估算该品种的单产。将估算的单产与公告的区域试验和生产试验产量相比较，有助于判断品种产量潜力。从产量三因素角度来看，玉米的单位面积产量=单位面积穗数×每穗粒数×百粒重。其中，单位面积穗数与品种推荐种植密度相关，一般在审定公告的栽培技术要点中有明确数据。例如，东单1331推荐亩种植密度4 500～5 500株，良玉99适宜密度为4 500株/亩，丹玉39亩种植密度2 800～3 000株。每穗粒数与品种特性紧密相关，可以用穗行数和行粒数来近似计算，每穗粒数＝每穗行数×每行粒数。在品种公告中虽然没有每行粒数，但可以用二倍的穗长数据来近似。例如，丹玉39穗行数16～18行，穗长20厘米，每行粒数约为2×20＝40粒。百粒重是相对稳定的品种特性，一般百粒重大于35克的品种容重较高。例如，丹玉39的百粒重为42.1克。可以用产量三因素公式估算丹玉39的产量潜力：3 000×（16～18×40）×42.1/100/1 000=808.3～909.4千克。可见，丹玉39在3 000株收获密度下，正常成熟的产量预期为每亩808.3～909.4千克。2001年丹玉39在辽宁省的审定公告中产量表现描述为一般亩产550千克，低估了该品种产量潜力。

3.1.6 种子发芽率与发芽势

在购买种子时，可以通过包装袋上透明部分观察玉米种胚的形状和颜色，当年生产的新种子种胚部分色泽鲜亮有光泽，陈种子种胚部皱缩色暗，发芽率有所下降。常用的计算玉米种子发芽率的方法有：浸种催芽法。随机选取100粒种子，用水浸泡2小时，使种子吸水膨胀后，平铺在浸水的多层纸上，卷起保持湿润，放在通气、室温20℃环境中，第4天和第7天分别记录发芽的种子粒数。胚根突破种皮一半以上，即为发芽。发芽势是3天之内发芽的种子粒数占总数的百分比，发芽率是7天之内发芽的种子粒数占总数的百分比。

已经包衣的种子做发芽率试验，需要注意包衣剂对种子发芽的抑制作用。包衣种子发芽率试验具体有两种方法。一种方法是按照GB/T 3543.4《农作物种子检验规程　发芽试验》进行检验，同时参照GB/T 15671.2《农作物薄膜包衣种子技术条件》标准规定，发芽试验时，薄膜包衣种子粒和粒之间至少保持与薄膜包衣种子同样大小的两倍距离，检验时间需要延长48小时。另一种方法是提前清洗掉种子包衣剂，再做发芽试验。如果不能完全洗净种衣剂，浸泡出来的种衣剂浓度过高，会对种子发芽率造成影响。

根据2020年10月国家市场监督管理总局和国家标准化管理委员会公告，粮食作物种子标准GB 4404.1—2008　第1部分：禾谷类《第1号修改单》，将玉米单粒播种子发芽率由85%提高到93%。达不到单粒播标准的种子应该在包装上标注“非单粒播种子”

等，农户在购买种子的时候要注意相应标注是否符合标准。

3.1.7 种子包衣

目前市场上大部分种子采用种衣剂包衣的形式预防地下病虫害。包衣种子颜色各异，有红色、绿色、蓝色等各种色彩，但是其使用的杀虫剂和杀菌剂种类大致类似，不同的颜色只是为了起到警示作用，提示儿童不要误食。研究表明，玉米穗腐病等生育后期病害有一部分来自种子带菌，病菌随着生长点向上生长，到玉米生育后期遇到合适的温湿度条件，在玉米穗、茎等部分表现出症状。采用三唑类杀菌剂包衣可以有效预防穗腐病，包衣剂中的丙硫克百威等杀虫剂可以杀灭蛴螬、金针虫等苗期地下害虫。农民朋友应优先选择购买包衣种子。如果购买未包衣种子，俗称白籽，可以同时购买种衣剂自行包衣。但是要注意，自行包衣后，种子要充分晾干，防止种衣剂黏结种子并堵塞排种器。还有的农民朋友由于地下害虫发生较重，需要对已经包衣的种子进行二次包衣，这是有一定风险的操作，需要咨询植保技术人员，了解两次包衣的药剂成分，避免造成药害。

玉米种子包衣剂建议使用含有三唑类杀菌剂（如烯唑醇、三唑醇）和杀虫剂丙硫克百威（有效成分最好达到6%以上）。

3.1.8 新种子与陈种子的鉴别

玉米新种子表面有光泽，胚部较软，有弹性。陈种子经过较长时间的贮存，水分散失，种子呼吸作用导致部分养分消耗，往往种皮颜色较暗，胚部较硬。陈种子活力较弱，发芽率和发芽势都比新种子有所降低。发芽势下降的表现是田间拱土能力差，经常发生“有芽无势”的现象。即，种子在土中已发芽但胚芽鞘扭曲，无法露出地面展开叶片。近几年，由于种子企业贮藏条件逐步提高，能够做到在低温干燥环境条件下贮藏，种子活力在2～3年时间内并没有显著下降。农户在购买种子后，做好发芽率试验，也不需要过度担心这种短期贮藏的陈种子质量。

播种前应对种子进行筛选

3.1.9 种子粒型与均匀度

种子粒型大小与发芽时间有一定的相关性。有的农户喜欢大粒种子，有的喜欢小粒种子。一般来说，小粒种子吸水膨胀的速度快一些，发芽的速度快一些。大粒种子胚乳营养较多，在干旱地块加大播种深度的情况下，仍能保持较高的出苗率。在选择粒型的时候，首先需要关注的是种子的均匀度，而不是粒型大小。粒型大小不均匀的种子，更容易形成大小苗，影响群体整齐度，进而影响产量。在粒型均匀的前提下，选择粒型偏小的种子，可以获得相对较高的发芽势。

3.1.10 计算玉米播种量

在大田生产中，采用传统穴播或条播时，播种粒数通常是计划株数的3～4倍，在采用精量、半精量播种时，播种粒数约为计划株数的1.5～2.0倍。田间损失率按15%～20%计算。玉米的播种量应当根据种植密度、籽粒大小、发芽率高低来确定，可按下列公式计算：

每亩播种量（斤）=［每亩穴数 × 每穴粒数 × 千粒重（克）］/（500 × 1 000 × 发芽率）

以每亩计划4 000穴为例，采用传统穴播或条播时，播种粒数通常是12 000～16 000粒，如果千粒重为350克，发芽率为85%，则需要播种量为：

（4 000 × 3～4 × 350）/（500 × 1 000 × 85%）= 9.9～13.2（斤）

在采用精量、半精量播种时，播种粒数通常是6 000～8 000粒，如果千粒重为350克，发芽率为85%，则需要播种量为：

（4 000 × 1.5～2 × 350）/（500 × 1 000 × 85%）= 4.9～6.6（斤）

需要注意的是，对于单粒播种的玉米品种，纯度和发芽率标准有所提高。国家市场监督管理总局和国家标准化管理委员会2020年10月11日公告，GB 4404.1—2008粮食作物种子　第1部分：禾谷类《第1号修改单》：玉米大田用种（单粒播种）纯度由原来的不低于96%修改为不低于97%，发芽率由原来的不低于85%修改为不低于93%。如果以新标准计算，单粒播种则需要播种量为：

（4 000 × 1 × 350）/（500 × 1 000 × 93%）= 3.0（斤）

鉴于存在一定田间损失率，按15%～20%计算，保苗4 000株的播种量应为3.5～3.6斤。

3.1.11 种子处理

一般应购买经过精选、分级和包衣的种子，如果购买到没有处理的种子，农户应进行选种、晒种和包衣等种子处理。

（1）选种：精选种子，除去病斑粒、虫蛀粒、破损粒、杂质和过大、过小的籽粒。

（2）晒种：播种前一周选晴天将种子摊在干燥向阳的地上或席上晒2～3天，提高种子发芽率、杀死部分病原菌，减轻丝黑穗病的为害。

（3）种子包衣：根据田间病虫害常年发生情况，明确防治对象，有针对性地选择包衣种子。如购买未包衣的种子，可用种衣剂、微肥拌种，但要选择正规厂商生产的种衣剂，根据使用说明进行种子处理，以免造成药害，降低种子的活性和适应性。

3.1.12 播期确定

北方春播玉米区为一年一熟制，影响播期的主要因素是温度、土壤墒情和品种特性。晚播耽误农时，过早播种又易感染玉米丝黑穗病和烂种缺苗。玉米播种时间的确定应遵循以下原则：

（1）一般将5～10厘米土层的地温稳定在8～10℃，作为春玉米适播期开始的标准。玉米种子在6～7℃时开始发芽，但发芽缓慢，容易受病菌侵染及害虫、除草剂危害。播种过晚，容易贪青晚熟，遇霜减产。北方春玉米区适宜播期为4月中、下旬至5月上旬。

（2）在地温允许的情况下，土壤墒情较好的地块可及早抢墒播种。适宜播种的土壤重量含水量在20%左右，一般适宜播种的土壤含水量，黑土为20%～24%、冲积土18%～21%、沙壤土15%～18%。适时早播有利于延长可用生育期，增强抵抗力、减轻病虫为害，促进根系下扎、基部茎秆粗壮，增强抗倒伏和抗旱能力。土壤墒情较差，不利于种子萌发出苗的地区，可采用坐水抗旱播种，也可等雨或浇底墒水进行足墒播种。

（3）早春干旱多风地区，适时早播有利于利用春墒夺全苗；覆膜栽培能够提高地温，可以比露地早播7～10天；盐碱地温度达13℃以上播种较为适宜。

（4）玉米播种出苗过程中，若遭遇极端天气条件、病虫害等因素影响，要以确保播种质量，实现苗全、苗齐、苗壮为前提，因地制宜及时调整播期。对于降雪量较大且春季气温持续偏低的地区，应视地温情况适当推迟播期。

玉米播种出苗过程中，若遇极端天气条件（如低温、霜冻、冰雹、干旱、洪涝等）、病虫害以及管理不善等因素影响保苗，使田间植株密度低于预期密度的60%时，可以考虑重播、毁种或补种。重播要根据当地生产条件、估算产量与投入成本确定，并选择生育期相对短的玉米品种或鲜食玉米或饲用玉米，适当增加密度，以减少产量损失；毁种或改种向日葵、谷子、荞麦、豆类、高粱等生育期较短的作物。

3.1.13 代表性品种简介

良玉99。春播生育期126～128天，比对照郑单958早4天。幼苗叶鞘紫色，叶片绿色，叶缘紫色，幼苗苗势强，株型半紧凑，成株叶片数21片。花丝紫色，花药浅紫色，颖壳绿色。果穗筒型，穗行数18～20行，穗轴红色，轴细，粒深，籽粒黄色，粒型为马齿型。

良玉99

丹玉405。辽宁春播生育期比对照丹玉39号晚2天，需≥10℃活动积温3 000℃，属晚熟玉米杂交种。幼苗苗势强，株高285厘米，穗位121厘米，穗长25厘米，穗行数18～20行，穗轴粉色，出籽率84.8%。2007—2008年参加辽宁省玉米晚熟组区域试验，两年平均亩产705.7千克，比对照丹玉39号增产14.7%；2007年参加同组生产试验，平均亩产596.7千克，比对照丹玉39号增产3.0%。每亩保苗2 600～3 000株。适宜中等肥力以上地块种植。适宜在辽宁省大连、锦州、沈阳、朝阳、丹东、铁岭、鞍山、葫芦岛等晚熟玉米区种植。

丹玉405

东单1331。东华北春玉米区出苗至成熟125天，比对照郑单958早1天。幼苗叶鞘紫色，叶片绿色，花药浅紫色。株型紧凑，株高280厘米，穗位116厘米，成株叶片数19片。花丝浅紫色，果穗筒型，穗长22厘米，穗粗5厘米，穗行数14～16行。穗轴红色，籽粒黄色、半马齿型，百粒重38.9克。东华北春播：2013—2014年参加中玉科企东华北春玉米组区域试验，两年平均亩产800.2千克，比对照郑单958增产3.6%；2015年生产试验，平均亩产806.6千克，比对照郑单958增产6.2%。中等肥力以上地块种植，亩种植密度4 500～5 500株。适宜黑龙江、吉林、辽宁、内蒙古、天津、河北、山西≥10℃活动积温在2 650℃以上，适宜种植先玉335、郑单958的东华北春玉米区种植。注意防治丝黑穗病。

东单1331

3.2 肥料的选择

玉米施肥的增产效果取决于土壤肥力水平、产量水平、品种特性、种植密度、生态环境及肥料种类、配比与施肥技术等。玉米对氮、磷、钾的吸收总量随着产量水平的提高而增多。在多数情况下，玉米一生中吸收的主要养分，以氮为最多，钾次之，磷最少。一般正常大田生产水平下，每亩可施磷酸二铵10～15千克，尿素15～25千克，氯化钾或硫酸钾7～10千克，也可选择养分数量相当的复合肥。在不同产量水平下，施肥量要有所调整。

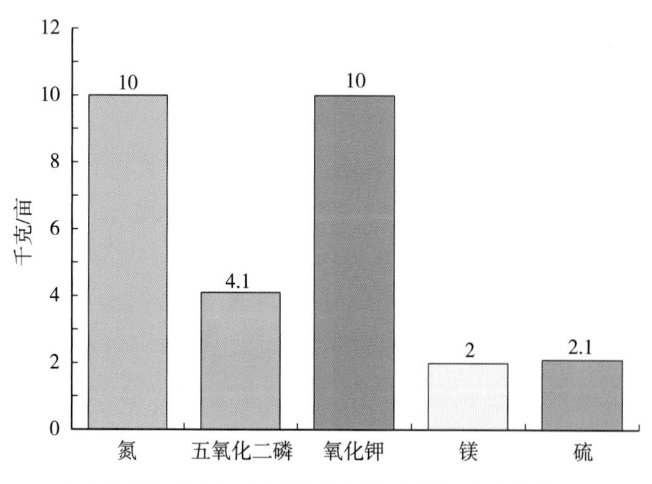

生产每百千克玉米籽粒需要的营养数量（美盛公司）

玉米从播种到收获分为不同的生育时期，苗期需肥较少，约占总需肥量的10%左右，拔节孕穗期需肥量最多，占总需肥量的50%左右，成熟期需肥量占总需肥量的40%

左右。这一规律要求玉米生长的中后期要有充足的肥料供应。玉米产量对肥料的需求是：一般每生产50千克籽粒，需吸收纯氮1.72千克，磷0.62千克，钾1.63千克。假如公顷产量目标为10 000千克，那么它需要吸收纯氮344千克，吸收纯磷134千克，吸收纯钾326千克。这一规律为科学确定施肥总量提供了重要的参考，是我们选购化肥的重要依据。

3.2.1 肥料的种类

现在市场上的肥料多种多样，按照有效成分及用途，大致可分为以下几种：

（1）有机肥（包括生物菌肥）。有效成分有氮、磷、钾、微量元素和固氮菌等。这种肥的优点是养地，长期使用能改良土壤；肥效长，在玉米的整个生育期都会发挥作用，提高其他肥料的利用率，还具有一定的促早熟的功能。

（2）化肥。分单质化肥和复混肥。单质化肥如尿素、硝铵、氢铵、硫铵、钾肥等。复混肥有氮磷复合肥如磷酸二铵等，氮磷钾复合肥，还有含微肥的氮磷钾复合肥。化肥的特点是大多数都属速效肥，持效时间短。在购买和使用复混肥时，一定要弄清有效成分含量和持效时间长短。

（3）微肥。含有微量元素的化肥，如稀土微肥、锌肥、硼肥等，用量少，但是作用大，能防止玉米的缺素症。

3.2.2 肥料的常用方法

传统的施肥方法有基肥、口肥、追肥、叶面肥，但现在的玉米生产实践中，有一部分农民朋友为降低生产成本，减少劳动强度和劳动量，采用一次性施肥法。经过多年实践观察，一次性施肥法有很多局限性。一是一次性施肥的深度不够，造成基肥、口肥不分，容易“烧种”“烧苗”；二是肥效发挥不充分，易受降雨冲刷流失，进而导致后期“脱肥”。还有少数农民只施口肥和追肥，造成肥料供给总量不足，影响产量。单纯从丰产的角度考虑，基肥、口肥、追肥的分次施肥方法有利于增产。

3.2.3 一次性施肥方法

（1）施肥深度要够。90%的肥量要施到耕层8～12厘米，深度不够既容易“烧种”“烧苗”，又容易流失。

（2）施肥量要足。一次性施肥要比传统的施肥方法多用至少10%的肥量，避免由于肥量的流失造成总供肥量的不足和后期脱肥。

（3）肥料的成分要全。因为是一次性施肥，所以所施肥料的品种、成分必须全面，有机质、氮、磷、钾和微量元素做到应有尽有。

（4）肥料的持效期要长。一次性施肥最好有农家肥或有机肥做基础，辅之以长效化肥，缓释肥或控释肥要占一定比例，这样才能起到好的效果，持效时间长，避免成熟期脱肥。

（5）一定要注意施用口肥。少量的口肥随种下地，能够保证苗期所需的肥量，其中最主要的成分是速效性含磷肥料，一般以磷酸二铵为主。在低洼冷凉不发苗的地块，施用口肥的效果更好。

3.2.4 确定肥料的用量

肥量的确定由土质和产量目标决定。如果能做到测土配方施肥，当然是比较科学的。如果做不到测土配方施肥，可以使用微信公众号“养分专家”，输入往年产量和施肥信息，能够获得个性化的推荐施肥方案。一般连续多年使用农家肥，地力好的地块，每公顷施用75～150千克二铵加225～300千克尿素、75千克钾肥和适量中微肥或者每公顷用有效成分含量45%的氮磷钾复混肥（$N-P_2O_5-K_2O$ 为15-15-15）400～450千克加尿素120～150千克。地力相对较低的地块，适当增加有机肥和农家肥的施用量，减少化肥的施用量。化肥用量的增减幅度与预期产量相关，常年产量较低的地块，不宜施用过多化肥。

3.2.5 玉米长效肥一次性深施

长效肥一次性深施肥方法，就是在秋季或播种前整地的时候，将玉米全生育期计划施用的所有肥料做底肥，选择具有缓释或控释能力的化肥，一次性施入。在播种时不再施底肥，整个生育期也不再施肥。玉米长效肥一次性施肥有什么好处：

（1）避免气候风险造成后期无法追肥。干旱地区可以避免因干旱而追不上肥，雨水较多地区可以避免因连续降雨而追不上肥的风险。

（2）节约化肥，减少投入。一次性深施肥一般以条施方式，形成集中肥带。当化肥被水解时，逐渐被土壤吸附，以浓度梯度形式逐渐被玉米根系利用，可以提高肥效。

（3）节省人工，便于管理。一次性深施肥免除了繁重的人工追肥，同时避免看天等雨现象。

玉米长效肥一次性深施需要注意的事项：

（1）肥料施用不均匀或施肥过浅，种肥隔离不够，容易产生烧种现象，影响保全苗。

（2）多数农户单一使用速效肥料，由于渗漏、雨水淋溶和挥发损失，降低了氮肥的利用率。保肥性差的地块容易产生氮素供应不足而脱肥。

（3）采用长效缓释肥时若其质量不好或数量不足，缓释效果不良，易导致后期脱肥严重，影响产量。

3.2.6 施肥原则

（1）有机肥与化肥并重。施用有机肥既可持续提供养分，又是提高土壤质量的重要措施，因此有条件的地方均应提倡施用有机肥。另外，施用有机肥后，可酌情减少化肥用量。地力较低的地块，要增加有机肥用量。

（2）氮肥一般采取前控、中促、后补原则，即基肥轻施，大喇叭口期重施，吐丝开花期补施。磷钾肥一般作为基肥施用。可结合秋整地或春整地施用基肥。北方春玉米苗期低温，提倡施用适量磷肥（磷酸二铵）或复合肥作为种肥。

（3）微量元素因缺补缺。遵循作物需肥规律和土壤缺肥情况，中、微量元素采取缺什么补什么的原则，北方春玉米区部分地区可能缺锌或硼，建议根据土壤测试情况和玉米苗叶片症状决定是否需要施用微肥。

（4）肥料的施用量及施用方法要合理。根据各地玉米产量目标和地力水平进行测土配方施肥，使用各级土肥站经测土推荐的配方和配方专用肥。春玉米由于生育期较长，若采用"一炮轰"的施肥方式容易造成前期旺长、后期植株脱肥、早衰，建议在拔节或大口期进行一次追肥，追肥时应以氮、磷速效化肥为主。雨养区春玉米更要及时利用好自然降雨追施化肥，提高肥效，或使用长效缓释肥。

（5）根据地力基础选择施肥方式。地形平坡洼，土质沙壤黏，产量中低高，是确定施肥量的主要依据。施肥量的基本原则是，高肥地"前轻、中重、后控"，低肥地"前重、后控"。

3.2.7 提高肥料利用率

（1）有机肥无机肥相结合。农家肥是有机肥，养分齐全，肥效持久；化学肥料属于无机肥，养分单一、含量较高、见效快。把有机肥与无机肥配合施用，取长补短，肥效可以大大提高。如将人畜粪与氯化铵、过磷酸钙、氯化钾配合施用，可比单施等量肥料增产10%～15%。

（2）测土配方施肥。即首先测出土壤里主要元素的含量，然后根据农作物所需养分，进行科学合理的施肥，需多少施多少，避免浪费。单施尿素，氮的利用率为30%～38%，而配方施用，氮的利用率可提高至58%～60%；单施磷肥、五氧化二磷的利用率为12%～14%，实行配方施用，利用率提高至35%～38%；单施氯化钾利用率只有31%～35%，配方施用，利用率可提高至57%～61%。

（3）氮肥深施。氮素化肥进行深施能有效地防止养分流失，提高氮素利用率。碳酸氢铵撒施，氮的利用率为28.6%，进行深施，氮的利用率可提高到58.6%；尿素撒施，氮的利用率为42%，进行深施，氮的利用率可提高到80%以上。

（4）推广缓控释肥。缓控释肥是指肥料养分释放速率缓慢，释放期较长，在作物的整个生长期都可以满足作物生长需要的一种新型肥料。主要以氮肥的缓控释肥为主，通过对尿素颗粒进行硫包衣、树脂包衣等，延长氮素的释放时间。

（5）增加水溶肥施用。水溶肥是一种可以完全溶于水的多元素复合肥料，与传统的过磷酸钙、磷酸二铵、造粒复合肥等品种相比，水溶肥更容易被作物吸收，实现水肥同施，以水带肥。目前以氮肥、钾肥的水溶肥为主，一般用于膜下滴灌、浅埋滴灌等水肥一体化技术，可显著提高肥料利用效率。

3.2.8 根据土壤类型选择肥料

黏性土壤保肥能力强，但供肥速度慢，施肥之后见效慢，所谓“发老苗，不发小苗”。黏性土壤应施用热性有机肥料，如富含有机质腐熟较好的农家肥或马粪。注意氮肥不能过量，否则在玉米生育后期过多的氮肥发挥肥效，容易造成贪青减产。黏性土壤养分扩散较慢，化肥要深施，尤其是磷肥要深施。

砂性土壤肥力较低，保肥能力较差，但供肥速度较快，施肥后见效快，所谓“发小苗，不发老苗”。砂性土壤应大量施用有机肥，改善土壤性质，提高保肥能力。可以施用未完全腐熟的有机肥，或者冷性肥料如牛粪。建议采用秸秆覆盖还田或绿肥覆盖达到春季保墒和提高地力的效果。砂性土壤施用化肥尽量不要“一炮轰”，因为一次性施用过多化肥，容易引起“烧苗”，并且遇雨会造成养分流失。砂性土壤建议采用分次施肥。

盐碱地要增施有机肥，注意化肥的酸碱性。过多施用化肥会增加土壤次生盐渍化。有条件的地块可以在施化肥的同时进行灌溉，降低土壤溶液盐碱浓度。在化肥种类的选择上，盐碱地应增施磷肥，少施钾肥。盐土尽量用生理中性肥料，如硝酸铵、碳酸氢铵等。碱土尽量用生理酸性肥料，如氯化铵、硫酸氨等。

3.2.9 口肥的选择

使用口肥的目的主要是为了使玉米安全度过磷肥的临界期。玉米三展叶期是离乳期，玉米种子胚乳的营养已经消耗殆尽，次生根的数量仍然很少，幼苗从土壤中获得营养的能力相对较弱。磷元素在土壤中容易被固定，难以移动。三叶期玉米处于磷肥的临界期，对磷的需求量不多，但是缺磷会造成严重后果。此阶段玉米如果缺少磷元素，会对果穗发育造成影响，而且这种影响在玉米生育后期再施磷肥也无法挽回。因此，少量的磷肥作为口肥就显得非常重要。尤其是地温较低的土壤，玉米生育前期土壤冷凉，供磷量较少，如果没有施用磷肥作为口肥，容易因缺磷减产。适宜作为口肥的磷肥主要有磷酸二铵，可以配施硫酸铵、硝酸铵、氯化铵等中性肥料，尽量不要使用尿素作口肥，因为其中含有的缩二脲容易烧苗。

3.2.10 追肥的选择

由于玉米所需的大量营养元素中，磷肥临界期在三叶期，钾肥的营养高效期在六叶期，磷肥和钾肥两类肥料一般都全量作为底肥使用。玉米追肥主要以氮肥为主，一般使用尿素。追肥时期在苗期、穗期、花粒期三个时期，苗期追肥主要是拔节期之前追尿素，促进茎秆生长。穗期是营养生长与生殖生长并进期，大喇叭口期追尿素，促进雌穗分化和生长。花粒期追肥主要是玉米雄穗抽出散粉时追尿素，防止植株早衰，提高籽粒重量。其中，最关键的时期是穗期。各时期追肥量占总追肥量比例，一般苗期占30%，穗期占50%，花粒期占20%。如果只追一次肥，可采用底肥施用40%尿素，大喇叭口期追施60%尿素。一次性追肥的具体追肥时期可参考“五叶差追肥法”，即在田间查数单株的未展开叶片数，在有5片未展开叶之前追肥，即大喇叭口末期追肥，对玉米穗发育的影响最大。

3.2.11 叶面肥的选择

玉米喷施叶面肥一般以补充中量和微量元素营养为主。在生育后期如果因脱肥或遭遇灾害，叶面肥也可以作为一种补救措施。氮肥作为叶面喷施以尿素为主，一般在抽雄前3～5天喷施，既补充了氮素营养，又补充了水分，可有效减少籽粒成熟过程中的空瘪现象。叶面喷施肥料品种可选用尿素、磷酸二氢钾、过磷酸钙、硫酸钾、草木灰浸出液及微肥等。喷施叶面肥要选好施用时间，在比较潮湿的天气里进行较好，维持叶片湿润有利于营养吸收。玉米喷施叶面肥注意合理混用，肥料和农药合理混用可以提高工效。玉米叶面肥喷洒浓度适宜为：尿素0.5%～2%、磷酸二氢钾0.3%～0.5%、硫酸铵0.2%～9.3%、钼酸铵0.01%、硼砂0.1%～0.2%、硫酸锌0.1%～0.4%。同时作根外喷肥时也可加入10%的草木灰水，10%的鸡粪液，10%～20%的兔粪液或腐熟人尿液等。叶面肥喷洒液量要充分，以肥液将要从叶面上流下但又未流下时最好。一般亩用肥液45千克。生育后期喷施尿素之前要观察叶片颜色，在傍晚站在田边顺阳光方向观察玉米叶片颜色，颜色较浅时可以喷施，颜色较浓时不宜喷施。

3.2.12 水分管理

玉米是高产作物，植株高大，茎叶茂盛，一生中生产的有机营养物质多，因此需水较多。一般情况，从玉米生长发育的需要和对产量影响较大的时期来看，一般应浇好4次关键水。

（1）造墒水。播种时，良好的土壤墒情是实现苗全、苗齐、苗壮、苗匀的保证。若土壤墒情不足或不匀进行播种，势必造成缺苗断垄，或玉米苗大小参差不齐，弱小株多，空秆率高。玉米播种适宜的土壤水分为田间持水量的65%～75%，播种时若土壤含水量低于田间持水量的65%，必须造墒后播种。覆膜种植的玉米可以先覆膜，膜上灌跑马水，由于有膜覆盖地表，可以节约用水量。

（2）拔节水。玉米苗期植株较小，耐旱、怕涝，适宜的土壤水分为田间持水量的60%～65%，一般情况下可以不浇水。但玉米拔节后，植株生长旺盛，雄穗和雌穗开始分化，需水量增加，拔节时若土壤含水量低于田间持水量的65%，就需要浇水。一般漫灌的每亩浇水量约55立方米，滴灌可以大幅降低用水量。浇拔节水利于茎叶和雌穗生长以及小花分化，可以减少空秆，增加穗粒数。

（3）抽穗水。玉米抽雄开花期前后，叶面积大，温度高，蒸腾蒸发旺盛，是玉米一生中需水量最多、对水分最敏感的时期。这时适宜的土壤含水量为田间持水量的70%～80%，低于70%就要浇水，漫灌每亩用水量约55～60立方米。灌溉可以提高玉米花粉和花丝的生活力，有利授粉结粒；可以延长叶片的功能期，提高光合能力，增加干物质生产。有利于籽粒灌浆，减少籽粒败育，增加穗粒数和提高千粒重。灌抽穗水一定要及时、灌足，不能等天靠雨，若发现叶片全天萎蔫不能展开，再灌水就晚了。据试验，抽雄前后短期干旱，引起叶片萎蔫1～2天再灌水的，也会减产20%。

（4）灌浆水。籽粒灌浆期间仍需要较多的水分。适宜的土壤含水量为田间持水量的70%～75%，低于70%就要灌水，漫灌需要每亩灌水55立方米左右。这时灌溉可以防止植株早衰，保持较多的绿叶数，维持较高的光合作用，可以延长籽粒灌浆时间和提高灌浆速度，有利于提高粒重。

北方春玉米区常年雨热同期，抽穗期和灌浆期往往恰逢连续降雨，一般很少需要灌溉。但是半干旱地区常年降雨量较少，要格外重视抽穗期灌溉，防止出现卡脖旱，此时干旱对玉米产量影响最大。

3.2.13 提高玉米自然降水资源利用率

春玉米半干旱区降雨时空分布不均匀，水分利用率较低，是影响玉米高产的关键因素。如何提高降水利用率是半干旱区夺取玉米高产稳产的前提与保障。提高玉米自然降水利用率主要有以下措施。

（1）培肥地力。适当深耕深松，增施有机肥，营造合理耕层，为玉米根系生长提供充足的营养和水分蓄存空间。

（2）秸秆地表覆盖。全量秸秆覆盖地表，能够减少风蚀水蚀，防止水土流失，减少地表径流，增加雨水入渗，抑制水分蒸发。

（3）深松土壤。深松部位土壤疏松，有利于雨水入渗。深松后土壤表面粗糙度增加，可阻碍雨水径流，延长雨水入渗时间，可以多蓄水。未松动的土壤毛细管连通，可以为根系持续提供水分。

3.2.14 玉米不同生育时期需水特点

玉米全生育时期的需水量特点是两头小，中间大，即最大需水时期是玉米抽丝开花期。自然降水是玉米水分的主要来源。玉米不同生育期的水分需求特点：

（1）出苗到拔节期。植株矮小，气温较低，需水量较少，仅占全生育期总需水量的15%～18%左右。出苗后土壤含水量控制在田间持水量的60%左右，使玉米苗避免旺长。

（2）拔节到灌浆期。玉米迅速生长，叶片增多，气温也升高，玉米的蒸腾量加大，因而要求较多的水分。从拔节到灌浆需水约占总需水量的一半，特别是抽雄穗前后一个月内，缺水对玉米生长影响极明显，严重缺水时，造成雄穗或雌穗抽不出，称为“卡脖旱”。因此，抽雄前后要有足够的水分，土壤含水量占田间持水量的70%～80%为适宜。

（3）成熟期。对水分要求略有减少，这时期需水量约占总需水量的25%～30%，这时缺水，会使籽粒不饱满，千粒重下降。

3.2.15 玉米苗期田间积水处理方法

玉米苗期喜旱怕涝，生育前期遭受涝灾的危害是非常大的。当田间长时间有积水时，积水将空气从土壤中排出，玉米根系呼吸作用减弱，轻则根系扎不深、植株弱小，严重会导致死亡。玉米苗期如果遇到涝灾，要及时解决。一是要尽快把水排出，疏通田间沟渠，这是最有效的办法。二是要追肥。当苗期的玉米被水淹以后，会有一段的弱势期，缺少养分，这时候，要对其进行追肥，一般情况下，追施尿素就行，同时也可以加一些磷肥、钾肥，如果过段时间，长势还较弱，就要喷洒叶面肥，补充一些微量元素，以氮磷钾为主，其他元素为辅，进行补充。三是要尽快除草。当田间积水排出后，由于地比较湿，杂草会长得很快，所以，等田间稍微晾晒几天后，拖拉机能进地，及时打玉米苗后除草剂。如果玉米长到了5片叶展开以后，就不建议打烟嘧磺隆之类的除草剂了，容易造成死苗。玉米苗5片叶之后，可以选择苯唑草酮进行除草，但是使用时期不能超过12片叶。四是病虫害防治。发生涝灾以后的玉米，抗逆性减弱，尤其容易发生病害。可以结合喷施叶面肥的同时，喷施杀虫剂和杀菌剂进行一次性打药预防。

3.2.16 农业农村部2022年北方春玉米科学施肥指导意见[①]

3.2.16.1 辽宁省北部

（1）施肥原则。

①控制氮磷钾肥施用量，氮肥分次施用，适当降低基肥用量，充分利用磷钾肥后效。

②一次性施肥的地块，选择缓控释肥料，适当增施磷酸二铵作种肥。

③有效钾含量高、产量水平低的地块在施用有机肥的情况下可以少施或不施钾肥。

④土壤pH高、产量水平高和缺锌的地块注意施用锌肥。长期施用氯基复合肥的地块应改施硫基复合肥或含硫肥料。

⑤增加有机肥施用量，秸秆还田量大、长期秸秆还田地块，适当减少化肥用量；秸秆覆盖或条耕地块，适当增加种肥中磷肥比例。

⑥无秸秆还田地块可采用深松，促进根系发育，提高水肥利用效率。

⑦地膜覆盖种植区，考虑在施底（基）肥时，选用缓控释肥料，减少追肥次数。

⑧中高肥力土壤采用施肥方案推荐量的下限。

（2）基追结合施肥建议。

①推荐15-18-12（$N-P_2O_5-K_2O$）或相近配方，土壤钾素含量较高的农田（速效钾120毫克/千克以上）采用钾含量较低的配方肥料，单产550千克/亩以内的采用磷酸二铵与尿素配施作为基肥。

②产量水平550千克/亩以下，基肥推荐配方肥20～24千克/亩，土壤钾素含量较高的农田基肥推荐磷酸二铵8～9千克/亩与尿素4～5千克/亩配施；大喇叭口期追施尿素10～13千克/亩。

③产量水平550～700千克/亩，配方肥24～31千克/亩；大喇叭口期追施尿素13～16千克/亩。

④产量水平700～800千克/亩，配方肥31～35千克/亩；大喇叭口期追施尿素16～18千克/亩。

⑤产量水平800千克/亩以上，配方肥35～40千克/亩；大喇叭口期追施尿素18～21千克/亩。

⑥秸秆全量还田条件下，配合施用农家肥（腐熟的羊粪、牛粪等）500～800千克（约2立方米）/亩作为基肥的，可减少13～21千克/亩配方肥用量；或减少磷酸二铵5～9千克/亩、基肥尿素2～3千克/亩。

（3）一次性施肥建议。

① 引自：农业农村部科学施肥专家指导组，2022。

①推荐29-13-10（N-P_2O_5-K_2O）或相近配方。

②产量水平550千克/亩以下，配方肥27～33千克/亩，作为基肥或苗期追肥一次性施用。

③产量水平550～700千克/亩，配方肥33～41千克/亩，作为基肥或苗期追肥一次性施用。

④产量水平700～800千克/亩，要求有30%释放期为50～60天的缓控释氮素，配方肥41～47千克/亩，作为基肥或苗期追肥一次性施用。

⑤产量水平800千克/亩以上，要求有30%释放期为50～60天的缓控释氮素，配方肥47～53千克/亩，作为基肥或苗期追肥一次性施用。

3.2.16.2 辽宁省西部半干旱春玉米区

（1）施肥原则。

①有机无机结合，风沙土区域可采用秸秆覆盖免耕施肥技术。

②氮肥深施，施肥深度8～10厘米；分次施肥，大喇叭口期追施氮肥。

③水肥耦合，利用玉米水肥需求最大效率期同步规律，结合灌溉施用氮肥。

④平衡施肥，氮磷钾比例协调供应，缺锌地块适当施用锌肥。

⑤土壤偏碱性的，采用生理酸性肥料，种肥选用磷酸一铵。

⑥中高肥力土壤采用施肥方案推荐量的下限。

⑦膜下滴灌种植，可适当减少底（基）肥施用量，少量多次灌水施肥。

（2）基追结合施肥建议。

①推荐13-20-12（N-P_2O_5-K_2O）或相近配方，土壤钾素含量较高的农田（速效钾120毫克/千克以上）可采用钾含量较低的配方肥料，单产600千克/亩以内的可采用二铵与尿素配施作为基肥。

②产量水平450千克/亩以下，基肥推荐配方肥19～25千克/亩，土壤钾素含量较高的农田基肥推荐磷酸二铵8～11千克/亩与尿素2～3千克/亩配施；大喇叭口期追施尿素8～10千克/亩。

③产量水平450～600千克/亩，基肥推荐配方肥25～33千克/亩，土壤钾素含量较高的农田基肥推荐磷酸二铵11～14千克/亩与尿素3～4千克/亩配施；大喇叭口期追施尿素10～14千克/亩。

④产量水平600千克/亩以上，基肥推荐配方肥33～38千克/亩；大喇叭口期追施尿素14～16千克/亩。

⑤秸秆全量还田条件下，配合施用农家肥（腐熟的羊粪、牛粪等）500～800千克（约2立方米）/亩作为基肥的，可减少12～19千克/亩配方肥用量；或减少磷酸二铵6～9千克/亩、基肥尿素2～3千克/亩。

（3）一次性施肥建议。

①推荐28-14-10（$N-P_2O_5-K_2O$）或相近配方。

②产量水平450千克/亩以下，配方肥22～28千克/亩，作为基肥或苗期追肥一次性施用。

③产量水平450～600千克/亩，配方肥28～38千克/亩，作为基肥或苗期追肥一次性施用。

④产量水平600千克/亩以上，要求有30%释放期为50～60天的缓控释氮素，配方肥38～44千克/亩，作为基肥或苗期追肥一次性施用。

3.2.16.3 东北温暖湿润春玉米区，包括辽宁省大部

（1）施肥原则。

①依据测土配方施肥结果，确定合理的氮磷钾肥用量。

②氮肥分次施用，尽量不采用一次性施肥，高产田适当增加钾肥施用比例和次数。

③加大秸秆还田力度，增施有机肥。

④重视硫、锌等中微量元素的施用。

⑤肥料施用与深松、增密等高产栽培技术相结合。

⑥中高肥力土壤采用施肥方案推荐量的低限。

（2）基追结合施肥建议。

①推荐17-17-12（$N-P_2O_5-K_2O$）或相近配方，土壤钾素含量较高的农田（速效钾120毫克/千克以上）可采用钾含量较低的配方肥料，单产600千克/亩以内的可采用磷酸二铵与尿素配施作为基肥。

②产量水平500千克/亩以下，基肥推荐配方肥20～24千克/亩，土壤钾素含量较高的农田上基肥推荐磷酸二铵7～9千克/亩与尿素5～6千克/亩配施；大喇叭口期追施尿素11～14千克/亩。

③产量水平500～600千克/亩，基肥推荐配方肥24～29千克/亩，土壤钾素含量较高的农田上基肥推荐磷酸二铵9～11千克/亩与尿素6～7千克/亩配施；大喇叭口期追施尿素14～16千克/亩。

④产量水平600～700千克/亩，基肥推荐配方肥29～34千克/亩；大喇叭口期追施尿素16～19千克/亩。

⑤产量水平700千克/亩以上，基肥推荐配方肥34～39千克/亩；大喇叭口期追施尿素19～22千克/亩。

⑥秸秆全量还田条件下，配合施用农家肥（腐熟的羊粪、牛粪等）500～800千克（约2立方米）/亩作为基肥的，可减少13～20千克/亩配方肥用量；或减少磷酸二铵5～9千克/亩、基肥尿素2～3千克/亩。

（3）一次性施肥建议。

①推荐29-13-10（$N-P_2O_5-K_2O$）或相近配方。

②产量水平500千克/亩以下，配方肥29～36千克/亩，作为基肥或苗期追肥一次性施用。

③产量水平500～600千克/亩，配方肥36～42千克/亩，作为基肥或苗期追肥一次性施用。

④产量水平600～700千克/亩，要求有30%释放期为50～60天的缓控释氮素，配方肥42～50千克/亩，作为基肥或苗期追肥一次性施用。

⑤产量水平700千克/亩以上，要求有30%释放期为50～60天的缓控释氮素，配方肥50～58千克/亩，作为基肥或苗期追肥一次性施用。

3.3 生长期的管理

在玉米生长过程中，外部形态特征和内部生理代谢会发生阶段性变化，通常把这些明显的阶段称为玉米的生育时期。在田间管理上，需要针对不同生育时期的特点，采取相应的技术措施。

3.3.1 玉米主要生育时期

在玉米整个生长发育过程中的阶段性变化，称为生育时期，可分为出苗期、三叶期、拔节期、小喇叭口期、大喇叭口期、抽雄期、开花期、抽丝期、籽粒形成期、乳熟期、蜡熟期、完熟期，一般以全田50%以上植株进入该生育时期为标志（Hanway，1966）。

玉米发育进程示意图

资料来源：美国，普渡大学，https://extension.entm.purdue.edu/fieldcropsipm/corn-stages.php。

（1）出苗期：一粒有生命的种子埋入土中，当外界的温度在8℃以上，水分含量60%左右和通气条件较适宜时，一般经过7～10天即可出苗。此时期幼苗出土高约2厘米。

（2）三叶期：玉米一生中的第一个转折点，玉米从自养生活转向异养生活，种子贮藏的营养耗尽，称为“离乳期”，这是玉米苗期的第一阶段。这个阶段土壤水分是影响出苗的主要因素，所以浇足底墒水对玉米产量起决定性的作用。另外，种子的大小和播种深度与幼苗的健壮也有很大关系，种子粒大，贮藏营养就多，幼苗就比较健壮；而播种深度直接影响出苗的快慢，出苗早的幼苗一般比出苗晚的要健壮。据试验，播深每增加2.5厘米，出苗期平均延迟一天，因此幼苗就弱。此时期植株第4片叶露出2～3厘米。

（3）拔节期：拔节是玉米一生的第二个转折点，由于植株根系和叶片不发达，吸收和制造的营养物质有限，幼苗生长缓慢，主要是进行根、叶的生长和茎节的分化。玉米苗期怕涝不怕旱，涝害轻则影响生长，重则造成死苗，轻度的干旱，有利于根系的发育和下扎。此时期植株雄穗伸长，茎节总长度达2～3厘米，叶龄指数30左右。

（4）小喇叭口期：雄穗进入小花分化期，雌穗进入伸长期，叶龄指数46左右。此时期植株有12～13片可见叶，7片展开叶，心叶形似小喇叭口。

（5）大喇叭口期：是营养生长与生殖生长并进阶段，雌穗开始进行小花分化，是玉米穗粒数形成的关键时期。这时如果肥水充足有利于玉米穗粒数的增加，是玉米施肥的关键时期。施肥量约占施肥总量的60%左右，主要以氮肥为主，补施一定数量的钾肥也很重要。此时期叶龄指数60左右，雄穗主轴中上部小穗长度达0.8厘米左右，玉米的第11片叶展开，棒三叶甩开呈喇叭口状。

（6）抽雄期：植株雄穗尖端露出顶叶3～5厘米。标志着玉米由营养生长转向生殖生长。抽雄期是决定玉米产量最关键时期。抽雄期也是玉米一生中生长发育最快，对养分、水分、温度、光照要求最多的时期。因此抽雄期是进行灌溉和追穗肥的关键时期。

（7）开花期：植株雄穗开始散粉。开花期是对高温最敏感的时期。为减轻高温对玉米的危害，有条件的可以采取灌水降温、人工辅助授粉、叶面喷肥等措施。

（8）抽丝期：植株雌穗的花丝从苞叶中伸出2厘米左右。玉米雌穗花丝一般在雄花始花后1～5天开始伸长。玉米花丝受精能力一般可保持7天左右，以抽丝后2～5天受精能力最强。抽丝后7～9天花柱活力衰退，11天几乎丧失受精能力。花丝在受精后停止伸长，2～3天后变褐枯萎。玉米抽穗开花期遇严重干旱或持续高温天气，不仅导致雄穗开花散粉少，还会导致雌穗抽丝延迟，使花期相遇不好，以致授粉受精率低。

（9）籽粒形成期：植株果穗中部籽粒体积基本建成，胚乳呈清浆状，亦称灌浆期。玉米通过双受精过程，完成受精后的子房要经过40～50天的生长发育，增长约1 400倍而成为籽粒。

（10）乳熟期：植株果穗中部籽粒干重迅速增加并基本建成，胚乳先呈乳状，后至糊状。自乳熟初期至蜡熟初期为止。一般中熟品种需要20天左右，即从授粉后16天开始到35～36天止；中晚熟品种需要22天左右，从授粉后18～19天开始到40天前后；晚熟品种需要24天左右，从授粉后24天开始到45天前后。此期各种营养物质迅速积累，籽粒干物质形成总量占最大干物重的70%～80%，体积接近最大值，籽粒水分含量约在70%～80%。由于长时间内籽粒呈乳白色糊状，故称为乳熟期。

（11）蜡熟期：自蜡熟初期到完熟以前。一般中熟品种需要15天左右，即从授粉后36～37天开始到51～52天止；中晚熟品种需要16～17天左右，从授粉后40天开始到56～57天止；晚熟品种需要18～19天左右，从授粉后45天开始到63～64天止。此期干物质积累量少，干物质总量和体积已达到或接近最大值，籽粒水分含量下降到50%～60%。籽粒内容物由糊状转为蜡状，故称为蜡熟期。植株果穗中部籽粒干重接近最大值，胚乳呈蜡状，用指甲可以划破。

（12）完熟期：蜡熟后干物质积累已停止，主要是脱水过程，籽粒水分降到30%～40%。胚的基部达到生理成熟，去掉籽粒托梗，可以见到出现黑层，即为完熟期。完熟期是玉米的最佳收获期。植株籽粒干硬，籽粒基部出现黑色层，乳线消失，并呈现出品种固有的颜色和光泽。

玉米的田间管理主要分为苗期、穗期、花粒期和收获期四个时期。

3.3.2 玉米叶片数与生育期的关系

玉米叶片分为可见叶和展开叶，玉米展开叶是指能够看见叶环的最上部叶片。生产中一般采用查数展开叶的数量来指导玉米田间管理技术，比如确定追肥和打药时期。可见叶是指肉眼可见的全部叶片，一般最上部叶片伸出2厘米左右即为可见叶。判断展开叶需要仔细观察叶环。叶环是玉米叶片与叶鞘相连接的位置，由于形状和位置都类似衣领，也被称为叶领。新叶叶环与下一叶叶环平齐或略高于下一叶叶环，即视为新叶已经展开。准确查数展开叶的数量还需要注意几种特殊情况。

玉米叶环

第一，要认识玉米的第一片叶。玉米第一片叶与其他叶片形状不同，尖端往往是圆的，由于形状和大小类似成人大拇指，常被称为大拇指叶。后续生长的叶片，其长度和宽度显著增加。有人说第一片叶是单子叶植物的子叶，这种说法是错误的。玉米的子叶作为胚的保护组织，并不出土，并不可见。第二，要确定查数的初始叶片数。随着玉米拔节，分蘖和气生根生长，前5片叶往往脱落或枯死。在田间查数叶片时，首先需要确定起始叶片数。尤其是拔节期之后，可以用手摸茎节，贴近地面第一节的叶片往往是第5片展开叶。第三,五光六毛法辅助查叶。玉米第1～5片叶属于初生叶片，一般叶表面没有次生茸毛，用手摸是光滑表面，这就是所谓的“五光”。从第6片开始，叶表面开始生长次生茸毛，用手摸有粗糙感，这就是所谓的“六毛”。但是五光六毛法随品种熟期长短有变化，早熟品种可能存在四光五毛，晚熟品种可能存在六光七毛。所以，五光六毛法只能作为一种辅助参考方法。

3.3.3 播种

提倡适期早播。有经验的农户在选择品种的时候，已经考虑了本地的无霜期和积温。但是在播种的时候，还需要确定适宜的播期。过早播种，容易烂籽；过晚播种，熟期不足容易减产。下面以在昌图县种植一个生育期127天的品种为例，说明如何做好适期早播。

第一，确定基本播种期。①掌握玉米生育起点温度。玉米在土壤表层10厘米地温8℃以上时开始萌动发芽，10℃时仍然发育缓慢。农民一般掌握表层地温12℃作为播种温度。地温20℃以上玉米正常生长，温度如果再升高，玉米的生长也会加速。一般而言，辽西砂壤土回暖快一些，辽北黏壤土回暖慢一些。②计算玉米生育期。在辽宁，生育期115～124天的是中熟品种，125～134天是中晚熟品种，135天以上是晚熟品种，总体而言，中晚熟品种种植面积较大。③以昌图2021年玉米生育期为例：昌图县连续5天平均气温超过10℃以上是4月19日；连续5天平均气温超过10℃以下是10月15日，也就是说，适宜玉米生长的日期一共179天，不到6个月。有研究表明，地表温度与平均气温有一定的相关性，如果平均气温稳定通过10℃以上，而且土壤墒情较好，玉米播种到出苗大约需要15天。再加上，玉米品种生育期127天，合计玉米耕作期需要142天以上，不到5个月。基本播种期有大约1个月的缓冲期。理论上，昌图县2021年种植玉米从4月19日至5月19日之间，哪天播种都可以，这个我们称为基本播种期。

第二，在确定基本播种期基础上，要做到适期早播。在基本播种期之内，不能无条件的早播，也不能无条件推迟播期。还以2021年昌图县玉米种植为例，4月19日左右，容易风干的坡地可以抢墒早播，因为这种地形有墒情也有温度；而这时候洼地就不适宜早播，因为有墒情但温度低，洼地早播容易烂籽。如果接近5月19日播种，玉米生长过于迅速，导致果穗幼穗成型期短，穗短，穗行数减少。而且玉米出苗过快，导致根系发育不足，根冠比小，后期容易造成倒伏。一般来说，一早躲三灾，玉米基本播种期中的这1个月缓冲期，既要用于缓冲春季降雨造成的播种窗口缩小压力，又要用来缓冲夏季降雨低温和秋季早霜影响成熟的压力。综上所述，昌图县玉米2021年适期早播的时期选择在4月19日至5月9日之间，是比较适宜的。

3.3.4 苗期的管理

从玉米出苗到拔节之前这一段时间称为苗期。一般是第6片叶展开之前。玉米苗期的发育特点是主要进行营养生长，长根、长叶，根系是这一时期的生长中心。在拔节之前形成雌雄穗原基，为进入生殖生长和营养生长并进期做准备。

苗期发育特点。玉米苗期忍耐干旱的能力特别强，土壤含水量少一些会促进根系下扎，有利于提高抗旱和抗倒能力。玉米苗期抗涝能力弱，尤其是三叶期以前，若土壤渍水，容易形成“芽涝”。苗期最适宜的土壤水分为田间持水量的60%左右。玉米苗期的时间长短受品种和温度等环境条件影响。早熟品种苗期时间短，晚熟品种苗期时间长。玉米种子播入适宜的土中后，由休眠状态转入旺盛的生命活动状态，开始萌发小苗。发芽出苗所利用的营养物质主要是由种子储藏的营养。出苗以后，叶片开始进行光合作用，制造有机物质。随着叶面积和根系的逐步增加，光合能力逐渐增强，叶片吸收的光能和制造的营养物质也越来越多。同时，种子中储藏的营养物质也越来越少，至三叶期基本消耗殆尽。生产上习惯把玉米三叶期称为“离乳期”或“断奶期”。此后，植株生长发育所需要的营养物质就全部由根叶吸收和制造了。

苗期管理目标。苗期管理的生产目标是保证全苗，减少大小苗，培育壮苗。主要技术目标是促进根系生长，避免株间竞争，减少苗草竞争。

苗期管理技术。苗期管理的主要技术措施有：查苗、补苗、间苗、定苗、及时引苗、苗期深松、中耕锄草、蹲苗促壮和防治虫害。

（1）查田补种、移苗补栽。由于玉米种子质量和土壤墒情等方面的原因，会造成已播种的玉米出现不同程度缺苗、断条，这将严重影响玉米产量。所以出苗后要经常到田间查苗，发现缺苗应及时进行补种或移栽。如缺苗较多，可用浸种催芽的种子坐水补种。如缺苗较少，则可移苗栽。移栽要在阴雨天或晴天下午进行，最好带土移栽。栽后要及时浇水，缩短缓苗时间，保证成活，达到苗全。

（2）适时间苗、定苗、早间苗、匀留苗，适时合理定苗是实现合理密植的关键措施。间苗宜早，应选择在幼苗将要扎根之前，一般在幼苗3～4片叶进行。间苗原则是去弱苗，去病苗，留壮苗；去杂苗，留齐苗和颜色一致的苗。如间苗过晚，植株过分拥挤，互争水分和养分，会使初生根系生长不良，从而影响地上部的生长。当幼苗长到4～5片叶时，按品种、地力不同适当定苗。如地下害虫发生严重的地方和地块，要适当延迟定苗时间。但最迟不宜超过6片叶。间、定苗时一定要注意连根拔掉。避免长出二茬苗。间苗、定苗工作时间应在晴天下午，那些病苗、虫咬苗及发育不良的幼苗在下午较易萎蔫，便于识别淘汰。对那些苗矮叶密、下粗上细、弯曲、叶色黑绿的丝黑穗侵染苗，应彻底剔除。间、定苗可结合铲地进行。

（3）中耕除草。中耕除草可以疏松土壤，提高地温，加速有机质的分解，增加有效养分，有利于防旱保墒和清除田间杂草等。一般应进行三次，第一次在定苗之前，幼苗4～5片叶时进行，深度3～5厘米；苗旁宜浅，行间宜深。第二次在定苗后，幼苗30厘米高时；第三次在拔节前进行，深度9～12厘米。铲地要净，特别要铲尽“护脖草”。趟地要注意深度和培土量，头遍地要拿住犁底，达到最深，为了趟深，又不压苗、伤苗，可用小犁，应遵循“头遍地不培土，二遍地少培土，三遍地拿起大垄”的原则。中耕虽会切断部分细根，但可促发新根，控制地上部分旺长。

（4）应用化学除草技术。一般玉米田除草常选用乙草胺乳油（土壤处理剂）、乙阿合剂、2，4-滴异辛酯、氯氟吡氧乙酸等。每公顷用商品量50%乙草胺乳油2 250～3 000毫升，对水450～600升，在播后苗前进行土壤处理。在玉米苗三叶期以前，每公顷用2 250～3 000毫升乙阿合剂，对水225～375升进行茎叶处理，对玉米田杂草均有较好的防效。

（5）蹲苗促壮：这种方法能使玉米根系向纵深伸长，扩大根系吸水、吸肥范围，并使幼苗墩实粗壮，增强后期抗旱和抗倒伏的能力，为丰产打下良好基础。蹲苗时间一般以出苗后开始至拔节前结束。当玉米长出4～5片叶时，结合定苗把周围的土扒开3厘米左右，使地下茎外露，晒根7～15天，晒后结合追肥封土，这样可提高地温1℃左右。扒土晒根时，严禁伤根。一般苗壮、地力肥或墒情好的地块要蹲苗；苗弱、地力薄或墒情差的地块不用蹲苗。应掌握“蹲黑不蹲黄，蹲肥不蹲瘦，蹲干不蹲湿”的原则。

（6）适量追肥：春玉米由于底肥充足，一般不施苗肥。铁茬抢种的玉米则因免耕播种，有的不施底肥，主要靠追肥。苗肥应将所需的磷肥、钾肥一次施入，施入时间宜早。对底肥不足的应及时追肥，以满足玉米苗期生长的需要，做到以肥调水，为后期高产打下基础。如苗期出现“花白苗”，可用0.2%的硫酸锌叶面喷洒。也可在根部追施硫酸锌，每株0.5克，每公顷地施15～22.5千克。不施底肥的地块苗期叶片发黄，生长缓慢，矮瘦，淡黄绿色，是缺氮的症状，可用0.2%～0.3%尿素叶面喷施。

（7）防治地下害虫。苗期对玉米危害严重的地下害虫有蝼蛄、蛴螬、地老虎、金针虫等，在采用杀虫剂种子包衣的基础上，苗期应及时做好虫情测报工作，发现害虫及时防治。防治方法：一是浇灌药液，每公顷用50%辛硫磷乳油7.5千克，对水11 250千克顺垄浇灌。二是撒毒土，用2%甲基异硫磷粉，每公顷30千克，对细土600千克，拌均匀后顺垄撒施。三是撒毒谷，用15千克谷子及谷秕子炒熟后拌5%西维因粉3千克，或用75千克麦麸子炒香后加入40%甲基异硫磷对水拌匀，于傍晚撒在田间，每公顷15～30千克。

（8）苗期深松。由于长期使用小型农机具作业，北方春玉米区平均耕层只有15.1厘米，深松能够打破犁底层，提高玉米抗倒、抗旱等综合抗逆能力，有利于玉米高产稳产。秋季、春季整地未深松条件下，可以在苗期深松，一般2～4年深松一次即可。

（9）及时引苗。保护性耕作秸秆还田量较大，遇到春季大风，容易出现部分秸秆压苗情况，导致幼苗弯曲生长，造成大小苗或缺苗。出苗之后要经常到田间检查，遇有压苗现象，及时拨开秸秆，露出幼苗，并用土盖住周围部分秸秆，防止风大重新压苗。

苗期异常管理。苗期是玉米生长的关键时期，这一时期表现的生长异常主要有：

（1）出苗率低。在适宜条件下，春玉米播种后经10～15天即可出苗。正常幼苗的构造包括完整的初生根系（初生胚根及两条以上长满大量健壮根毛的次生胚根）、中胚轴、胚芽鞘、初生叶。由于种子自身原因或在萌发过程中受到外界不良环境条件影响，经常出现种子霉烂（粉种）、不能正常萌发和缺苗断垄、苗情质量差等现象，应查找原因并作相应处理。

（2）干旱。播种至出苗阶段，表层土壤水分过低，种子处于干土层，不能发芽出苗，播种、出苗期向后推迟，易造成缺苗；出苗的地块由于干旱苗弱、植株小、发育迟缓，群体生长不整齐。干旱常发生地区，应采取增施有机肥、深松改土、培肥地力，提高土壤缓冲能力和抗旱能力；因地制宜采取蓄水保墒耕作技术；选择耐旱品种；地膜覆盖栽培；抗旱播种：如抢墒播种、坐水（滤水）播种、起干种湿、深播浅盖、免耕播种，抓紧播前准备工作，等雨待播。干旱发生后：①分类管理。出苗达70%以上地块，推迟定苗、留双株、保群体；出苗50%以上的地块，尽快发芽坐水补种；缺苗在60%以上地块，改种早熟玉米或其他作物。②挖掘水源、增加有效灌溉面积。③做好各项播种准备工作，遇雨土壤墒情适宜时抢墒播种。④加强田间管理，已出苗地块要早中耕、浅中耕，减少蒸发量。

（3）风灾倒伏。幼苗倒伏和折断；沙尘天气造成幼苗被沙尘覆盖、叶片损伤，土壤紧实、湿度大以及虫害等影响根系发育，造成根系小、根浅，容易发生根倒。苗期和拔节期遇风倒伏，植株一般能够恢复直立。防止作物倒伏的主要措施有：①选用抗倒品种；土壤深松、破除板结。②风灾较重地区，注意适当降低种植密度，顺风方向种植玉米。③苗期倒伏常伴随降雨多、涝害，灾害后应及时排水。④加强管理，如培土、中耕、破除板结，还可增施速效氮肥，提高植株生长能力。

（4）低温冷害。玉米在幼苗期受低温为害后，代谢作用效率下降、细胞膜通透性降低和蛋白质降解。中胚轴和胚芽鞘变褐及萎蔫、叶片呈水渍状及发育不全、甚至因幼苗生长受阻而不能成活，冷害症状可一直延续到恢复生长期。冷害造成植株生长发育迟缓，降低幼苗个体素质。对雹灾造成的冷害，要完善土炮、高炮、火箭等人工防雹设施，及时预防、消雹减灾。灾后尽快评估对产量的影响。主要措施：①苗期灾后恢复能力强，只要生长点未被破坏，都能恢复生长，慎重毁种。②及时中耕松土，破除板结、提高地温，增加土壤透气性；追施速效氮肥（每亩尿素5～10千克）；新叶片长出后叶面喷施磷酸二氢钾2～3次，促进新叶生长。③挑开缠绕在一起的破损叶片，使新叶能顺利长出。④警惕病害发作。雹灾冷害容易诱发细菌性病害。⑤搞好品种区划，选用耐寒品种。⑥种子处理。用浓度0.02%～0.05%的硫酸铜、氯化锌、钼酸铵等溶液浸种，可提高玉米种子在低温下的发芽力，减轻冷害。⑦适期播种。按玉米种子萌动的下限温度，结合当地气象条件，安排适当播种期，避免冷害威胁。

（5）冻害。气温低于-1℃时，冻害导致地上部叶片和组织呈水浸状、萎蔫至死亡。由于玉米6叶展之前生长点在地下，当温度回升后，往往生长点还能恢复生长。在条件适宜时，冻害后3～4天植株能长出新叶。霜冻为害植物的实质是低温冻害，但植物受冻害不是由于低温的直接作用，而主要是因为植物组织中结冰导致植物受到损伤或死亡。防治方法：①掌握当地低温霜冻发生的规律，选择生育期适宜品种，使玉米播种于“暖头寒尾”。②选择抗寒力较强的作物或品种，采用能提高作物抗寒能力的栽培技术。③霜冻发生后，应及时调查受害情况，制定对策，不轻易毁种。仔细观察主茎生长锥是否冻死（深色水浸状），若只是上部叶片受到损伤，心叶和生长点基本未受影响，可以通过加强田间管理，及时进行中耕松土、提高地温，追施速效肥，加速玉米生长，促进新叶生长。对于冻害特别严重，致使玉米大部死亡的田块，要及时评估，改种早熟玉米或其他作物。

（6）涝渍。玉米在萌芽和幼苗阶段特别怕涝。播种至三叶期发生芽涝，抑制根系生长和吸收活动，叶片萎蔫、变黄、生长缓慢和干重降低，甚至幼苗大面积死亡。地势低洼、土壤黏重、降雨频繁地区易发生。苗期涝害常发地区，注意配套排灌沟渠；选用耐涝品种；调整播期，使最怕涝的敏感期尽量赶在雨季开始之前；平整低洼地。涝害发生后，应及时评估涝害损失。主要措施：①及时排涝，清洗叶片上的淤泥。②浅中耕、划锄，通气散墒。③及时追施速效氮肥，如硫酸铵、碳酸氢铵，补充土壤养分损失，恢复根系生长，促弱转壮。④死苗60%以上时，重播或改种其他作物。

（7）高温。苗期高温幼嫩叶片从叶尖开始出现干枯，导致半叶甚至全叶干枯死亡；高温使叶片叶绿体结构破坏，光合作用减弱，呼吸作用增强，消耗增多，干物质积累下降；植株生长较弱，根系生理活性降低，易受病菌侵染发生苗期病害。应对方法：①高温常发地区，注意选育推广耐热品种；调节播期，使开花授粉期避开高温天气；适当降低密度，宽窄行种植，培育健壮植株。②适期喷灌水，改变农田小气候。

（8）除草剂药害。玉米3～5叶期是喷洒苗后除草剂的关键时期。苗后除草剂使用不当，容易出现药害，轻者延缓植株生长，形成弱苗，重者生长点受损，心叶腐烂，不能正常结实。药害产生主要原因是没有在玉米安全期（3～5叶期）内用药、盲目加大施药量、重叠喷药、高温炎热时施药、几种药剂自行混配、和其他作物混用除草剂药械后没有洗刷干净、误用除草剂、和有机磷农药施用间隔过短、品种敏感等。一旦出现除草剂药害，要及时更换药桶，灌装清水喷雾冲洗受害部位；同时足量浇水，降低作物体内药物的相对浓度；追施速效化肥，促进作物迅速生长，提高植株自身抵抗药害的能力；严重时喷施植物生长调节剂，如赤霉素（920）、芸薹素内酯等，促进植株正常生长，减轻药害；人工剖开扭曲叶片，助心叶展开。如果药害不严重，加强管理后，玉米可以恢复正常生长，如果心叶已经腐烂坏死，或者生长停滞，需补种或毁种。

3.3.5 穗期管理

从玉米拔节到雄穗抽出这一段时间称为穗期，这是玉米生长发育的中期阶段，一般是第18片叶展开之前。

穗期发育特点。玉米穗期的发育特点是营养生长与生殖生长并进。生长中心由根系转向茎叶，雄穗、雌穗已先后开始分化，植株进入快速生长期。营养生长方面，茎秆迅速生长，叶片加速展开，次生根相应伸长；生殖生长方面，雄穗和雌穗陆续分化，分别经历小穗分化和小花分化之后，形成带花药的雄穗和带苞叶的雌穗。茎叶生长与穗分化之间争水争肥矛盾较为突出，对营养物质的吸收速度和数量迅速增加，是玉米一生中生长最旺盛的时期，也是田间管理的关键期。

穗期管理目标。穗期管理的生产目标是促秆壮穗，在促进茎秆健壮生长的同时，保证雌穗和雄穗顺利分化。重点确保雌穗有足够的发育时期，使品种的穗粗和穗长特性得到充分表现。从群体角度看，保证生长整齐一致。丰产长相是植株墩实粗壮，根系发达，气生根多，基部节间短，叶片宽厚、叶色浓绿，上部叶片生长集中，迅速形成大喇叭口，雌雄穗发育良好。

玉米雄穗和雌穗分化过程都经过生长锥突起期、生长锥伸长期、小穗分化期、小花分化期和性器官发育形成期。雄穗发育较早，大约1/3叶龄时开始发育。雌穗发育较晚，大约1/2叶龄时开始发育。生产上一般用叶龄指数来判断玉米穗分化阶段（郭庆法等，2004）。叶龄指数可按以下公式计算，玉米穗分化与叶龄指数的关系见表3–2。

$$叶龄指数=（展开叶片数/总叶片数）\times 100\%$$

表3–2　玉米穗分化与叶龄指数的关系

穗分化期	雄穗	雌穗	叶龄指数（%）
1	伸长		32
2	分节		
3	小穗原基		38
4	小穗分化		43
5	小花分化	伸长	48
6	雌雄蕊分化	分节	49
7	雄蕊生长，雌蕊退化	小穗分化	56
8	四分体	小花分化	62
9	花粉粒形成	雌蕊生长，雄蕊退化	67
10	花粉粒成熟	花丝伸长	80
11	抽雄期	果穗增长	92
12	开花	吐丝	100

资料来源：胡昌浩，1972；简化版。

辽单565小喇叭口期

穗期管理技术。要提高玉米单产，除选用优良品种、适时播种和加强苗期田间管理外，尤其要加强玉米生产中期的田间管理，以减少空秆和“秃尖”，达到高产的目的。

（1）中耕深松培土。在保护性耕作原垄垄作条件下、中耕管理进行开沟培土，可起到翻压杂草、提高地温，增厚玉米根部土层的作用，有利于气生根生成和伸展，防止玉米倒伏，有利于灌水、排水。玉米中耕作业的具体内容，要根据土壤条件、玉米生长状态和实际需要确定，有时着重除草，有时着重松土，有时着重培土或施肥，有时需要几项联合作业。培土可以促进地上部气生根的发育，有效地防止因根系发育不良而引起的倒伏，还可掩埋杂草。培土后形成的垄沟有利于田间灌溉和排水。中耕和培土作业可与施肥结合在一起进行，时间一般在拔节后至大喇叭口期之前进行。培土高度以7～8厘米为宜。在潮湿、黏重的地块以及大风、多雨的地区和年份，培土的增产、稳产效果较为明显。

（2）轻施拔节肥。玉米生长到6～8叶时正是拔节时期，是需肥高峰期，应根据苗情结合二遍铲镗，进行追肥。每公顷追150千克硝酸铵，或120千克尿素，同时根外追施硫酸锌15千克，可减少秃尖。

（3）重施穗肥。玉米穗肥也就是玉米在抽穗前10天，接近大喇叭口期的追肥。此期玉米营养生长和生殖生长速度最快，幼穗分化进入雌穗小花分化盛期，是决定果穗大小、籽粒多少的关键时期，也是玉米一生中需肥量最多的阶段，一般需肥量应占追肥总量的50%～60%，故称玉米的需肥临界期。尤其对中低产地块和后期脱肥的地块，更要猛攻穗肥，加大追肥量，每公顷施碳酸氢铵375～450千克。同时，可根据长势适时补充适量的微肥，一般用0.2%的硫酸锌进行全株喷施，每隔5～7天喷1次，连喷2次。抽穗后，每公顷还可用磷酸二氢钾2.25千克，对水750千克，均匀地喷到玉米植株中、上部的绿色叶片上，一般喷1～2次即可。

五叶差追穗肥法。进入穗期阶段，植株生长旺盛，对矿质养分的吸收量最多、吸收强度最大，是玉米一生中吸收养分的重要时期，也是施肥的关键时期。追肥日期一般以查数玉米片数来决定，当田间多数玉米的可见叶与展开叶之间的差值为5片叶的时候，是玉米雌穗发育的关键期，也是追肥的最佳时期。具体操作时，可以直接从上向下查数不带叶环的叶片（即未展开叶），如果有5片叶未展开，即为最佳追肥时期。如果追施尿素，由于尿素在土壤中有一定转化时间，可以提前5～7天追施。春玉米从拔节到抽雄是吸收氮素的第一个高峰，30天左右的时间吸收氮量占总量的60%。拔节期追施氮肥有促进叶片茂盛、茎秆粗壮的作用；大喇叭口期追施氮肥，可有效促进果穗小花分化，实现穗大粒多。该阶段主要是追施速效氮肥，如尿素、碳酸氢铵、硫酸铵、硫酸钾和氯化钾等。追肥量与时期可根据地力、苗情及前期追肥情况等确定。追肥时应在行侧距植株10～15厘米范围开沟深施或在植株旁穴施，深度5～10厘米，施肥后覆盖严密。如在地表撒施时一定要结合灌溉或有效降雨进行，以防造成肥料损失。有条件的地方可采用高地隙中耕施肥机具或轻小型田间施肥机械，一次完成开沟、排肥、覆土和镇压等多道工序，相对人工地表撒施和手工工具深追施，机械中耕施肥可显著地提高化肥的利用率和作业效率。对追肥机具的要求是具有良好的行间通过性能，无明显伤根、伤苗问题，伤苗率小于3%，追肥深度控制在10～15厘米，部位在作物植株行两侧10～20厘米，肥带宽度大于3厘米，无明显断条，施肥后覆盖严密。

（4）防病治虫。对患有黑粉病的植株，要趁黑粉还未散发之前，及时拔除，深埋或烧毁，以免次年重茬而染上此病。同时，玉米进入心叶末期即大喇叭口期，正是防治玉米螟的最佳时期，因为这时玉米螟全部集中在叶丛中进行危害，为用药消灭提供了条件。防治方法：①菊酯类农药对成1 000倍液，摘掉喷雾器的喷头，将药液喷入心叶丛中。②用50%辛硫磷乳剂500倍液，喷灌于心叶丛中。③将呋喃丹拌入细土中，制成毒土，将毒土撒入心叶丛的喇叭口中。

（5）抗旱排渍。玉米生长中期，久旱久雨都不利。如遇天旱，应坚持早、晚浇水抗旱，中耕松土，保证玉米有充足的水分；若是多雨天气，则要疏通排水沟，及时排除渍水，以利生长发育。玉米拔节后，雌雄穗开始分化，茎叶生长迅速，对水分的需求量增大，干旱会造成果穗有效花数和粒数减少，还会造成抽雄困难，形成“卡脖旱”。穗期若天气干旱，土壤缺水，当傍晚玉米因旱卷缩的叶片仍然不能展开的时候，就应及时进行灌溉。

（6）化学调控。化学调控技术是指以应用植物生长调节物质为手段，通过改变植物内源激素系统，调节作物生长发育，使其朝着人们预期的方向和程度发生变化的技术。化学调控技术具有许多优点，技术简单、用量少、见效快、效益高、便于推广应用、对环境和产品安全。目前生产中常用的植物生长调节剂多为复配药剂，其中促进矮化的有效成分以乙烯利为主，配施胺鲜酯等促进细胞分裂的辅助成分。单独施用乙烯利会抑制玉米穗的发育，造成小穗、多穗等不良性状。正确应用化控技术能够使玉米植株矮化、敦实抗倒，配合密植，是夺取高产的一项新技术。建立玉米“密植化控”栽培技术体系，是一项投资少、成本低、效益高的新技术。玉米化控的基本效应表现为植株矮化、气生根增加，适于密植，且抗病能力增强。此外，化控处理的玉米，生育后期绿叶数多，结穗率和千粒重增加，产量提高。但是，在实际操作中，需要掌握化学调控技术关键技术环节和施用原则，控制好药剂浓度、施用时期等，防止出现药害。

化学调控应遵循以下原则：

①适用于风大、易倒伏的地区和水肥条件较好、密度偏大、品种易倒伏的田块。

②增密种植，比常规大田密度亩增500～1 000株。

③根据不同化控试剂的要求，在其最适喷药的时期喷施。

④科学施用，掌握合适的施剂浓度，均匀喷洒在上部叶片上，不重喷、漏喷。

⑤喷药后6小时内如遇雨淋，可在雨后酌情减量增喷1次。

目前生产推广应用的玉米生长调节剂有：

①玉黄金。在6～8片展叶时（玉米株高0.5～1.0米）使用，每亩用2支（每支10毫升）对水30千克喷雾，能降低穗位和株高而抗倒伏，减少空秆、小穗，防秃尖。

②玉米健壮素。一般可降低株高20～30厘米，降低穗位15厘米；并使叶片上冲，根系增加，从而增强植株的抗倒耐旱能力。在1%～3%的早发植株已抽雄和50%的雄穗将要露头时（用手摸其顶部有膨大感）用药最为适宜。每亩用1支（30毫升）对水20千克，晴天均匀喷在上部叶。

玉米生育前期过度生长的基部茎节（铁岭　2018年）

③金得乐。一般在玉米6～8片展叶时，每亩用1袋（30毫升）对水15～20千克喷雾，能缩短节间长度，矮化株高，增粗茎秆，降低穗位15～20厘米，从而抗倒伏。

化控剂喷药处理后，由于促进了玉米的灌浆速度，从而使玉米秃顶减少，果穗上部饱满。最适喷药时期因药剂成分而异。药剂成分为胺鲜酯乙烯利的化控剂，一般推荐喷施时期为第6～10片叶全展时，实际应用中，应观察全田玉米生育进程，确保第6片叶完全展开。一般在第7片叶全展时喷施，更为稳妥。若喷的过早，在化控矮化正常植株的同时，也对一部分弱株的雌穗发育产生一定抑制。过晚用药，矮化位置上移，甚至缩短雌穗节位，对群体冠层结构的控制效果差。

玉米生育后期发生倒折现象
（新疆·塔城 2019年）

3.3.6 花粒期管理

从玉米抽雄到成熟这一段时间称为花粒期。当雄穗在顶部的叶鞘中露出1厘米左右时，标志着抽雄开始，即进入花粒期。雄穗一般在抽雄后2～5天开始开花，雌穗的花丝从苞叶吐出的时间比抽雄晚3～5天，玉米花丝的任何部分都有接受花粉的能力，此时植株高度及每一片叶的长度和宽度都已定型。开花的最适气温为25～28℃，并且在空气比较湿润，天气晴朗而有微风时更适宜。

花粒期发育特点。玉米花粒期的发育特点是营养器官生长发育逐渐停止，根系和下部叶片开始程序性衰老，转向以果穗和籽粒为中心的生殖器官生长。此阶段完成开花、授粉、子粒灌浆、脱水完熟。

花粒期管理目标。花粒期管理的生产目标是保证雌雄花期一致、授粉良好，防止叶片和根系早衰，维持灌溉期叶片较高的光合能力，促进营养物质向子粒转移，争取粒大、粒饱。

花粒期管理技术。

（1）高产田酌情追施花粒肥。抽雄至吐丝期间追施的肥料称为花粒肥，主要作用是提高叶片光合作用，延长叶片光合时间，促进子粒灌浆，防止后期植株脱肥早衰，提高千粒重。花粒肥以速效氮肥为宜，施肥量不宜过多，一般每亩可追施尿素5～7.5千克，在玉米行侧深施或结合灌溉施用。对高密度、高产田和后期脱肥田块更应重视追施花粒肥。受田间郁蔽影响，可以在玉米花粒期采取无人机作业，在防治病虫害的同时补充粒肥，叶面肥可用磷酸二氢钾200克/亩、速乐硼30～50克/亩、尿素100～200克/亩。

（2）防止吐丝期干旱。玉米在抽雄至吐丝期耗水强度最大、对干旱胁迫的反应也最敏感，是玉米一生当中的水分“临界期”。干旱发生的时间距离吐丝期越近，减产幅度也越大。吐丝期干旱主要是影响玉米植株正常的授粉、受精和籽粒灌浆，使秃尖增多，穗粒数减少，千粒重降低。有灌溉条件的地块可根据天气情况灵活掌握灌溉，原则上掌握受旱玉米的叶片应在傍晚日落后自然展开，否则就应及时灌溉。此外，在灌浆期，茎叶的可溶性有机物质，要靠水分才能大量向正在发育的籽粒运送，也需要适当供给水分。

（3）发现雌雄不协调时，可进行人工辅助授粉。在玉米抽雄至吐丝期间，干旱、阴雨寡照以及极端高温等不利天气条件常会导致雌雄发育不协调，影响果穗结实。此时，可在有效散粉期内采用人工辅助授粉提高结实率、增加穗粒数。比较简单的做法是，在两个竖竿顶端横向绑定木棍或粗绳，两人手持竖竿横跨玉米垄行走，用横竿或粗绳轻轻击打雄穗，帮助花粉散落。人工辅助授粉过程宜在晴天上午9点以后至下午4点以前雄穗散粉期间进行。一般进行2～3次可提高结实率，增产8%～10%。人工授粉，能使玉米不秃尖、不缺粒，穗大、粒饱满，早熟增产。

（4）隔行去雄和全田去雄。在玉米雄花刚露出心叶时，每隔一行，拔除一行的雄穗，让其他植株的花粉落到拔掉雄穗玉米植株的花丝上，使其受粉。在玉米授粉完毕、雄穗枯萎时，及时将全田所有的雄穗全部拔除。去雄可降低株高防止倒伏、增加田间光照强度，减少水养分损耗，增加粒重和产量。

3.3.7 收获期管理

从玉米籽粒成熟、收获到籽粒贮藏这一段时间称为收获期。

收获期发育特点。玉米籽粒成熟的三个特征是苞叶变黄、乳线消失、黑层出现，其中黑层出现是籽粒成熟的关键标志。一般田间调查黑层的方法，主要是观察果穗中部籽粒，去掉籽粒下部的花梗，露出胚与穗轴接触的部位，此处即是黑层出现的位置。

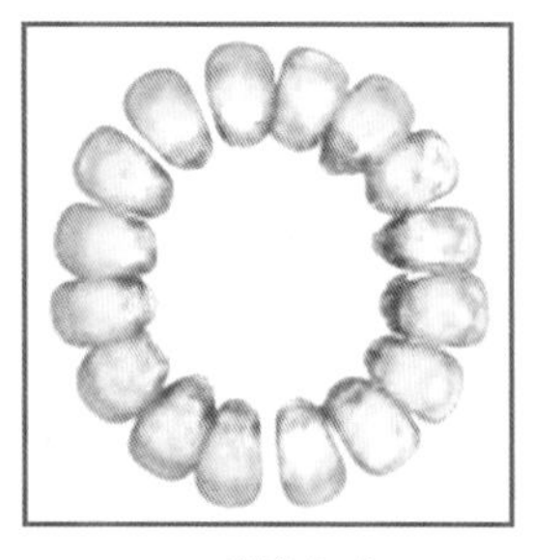

乳线出现

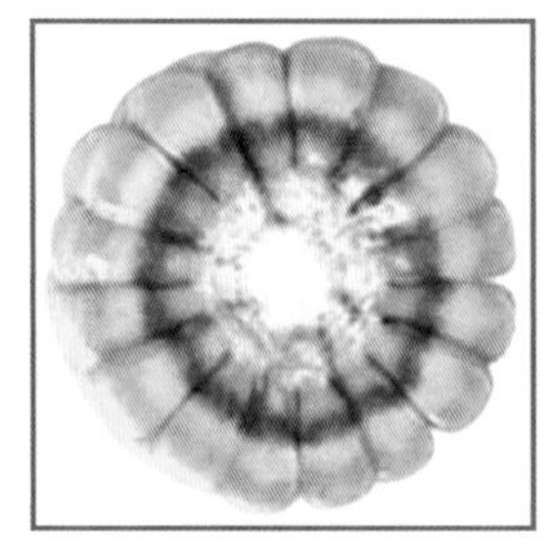

乳线居中

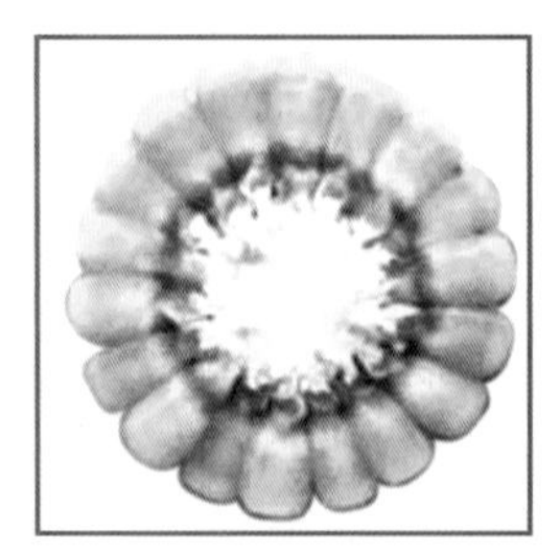

乳线消失

乳线消失过程

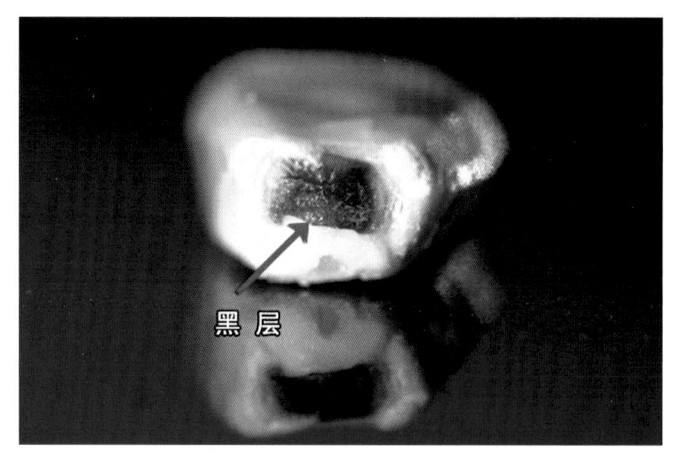

玉米籽粒黑层位置示意图

3.3.7.1 收获期管理目标

收获期管理的生产目标是确定收获适期，降低收获损失，保证颗粒归仓。降低籽粒含水量是这一时期的关键目标。玉米在完全成熟的情况下，籽粒达到最大重量，此时产量表现最高。此时，玉米籽粒中不仅淀粉的含量达到高峰，蛋白质、氨基酸等营养物质也达到最大值。适当延期收获能够提高籽粒的营养品质。另外，完全成熟的玉米籽粒饱满充实，不饱满粒明显减少，籽粒含水量较低，有利于收获和贮存，较好的籽粒品质也有利于销售。

有的地区农民习惯种植偏晚熟品种，理由是收粮的商户不仔细检查籽粒水分含量，过多的水分可以使粮食“压称”。实际上，这是一种自欺欺人的想法。且不论收粮商户是否真的不在乎籽粒水分含量，仅仅在收获时籽粒仍然有较高的水分含量这一事实，就说明该品种没有达到完熟状态，因此也就是处于减产状态（有研究表明，在完全生理成熟之前收获，一般减产10%左右）。而且，过高的水分含量也不利于籽粒储存，会显著增加储存成本和风险。

3.3.7.2 收获期管理技术

（1）及早补肥。玉米吐丝后，土壤肥力不足，下部叶片发黄，脱肥比较明显，可追施氮肥总追肥量10%的速效氮，或用0.1%～0.2%磷酸二氢钾进行喷施，补施攻粒肥。使根系活力旺盛，养根保叶，植株健壮不倒，重点防止穗位叶片早衰。

（2）拔掉空秆和小株。在玉米田内，部分弱小植株因授不上粉等原因，形成不结穗的空秆，低矮的小玉米株不但白白地吸收水分和消耗养分，而且还与正常植株争光照，影响光合作用。因此要尽早把不结穗的植株和弱小株拔掉，从而把有效的养分和水分集中供给正常的植株。

（3）除掉无效果穗。一株玉米可以长出几个果穗，但完全成熟的往往只有1个，最多不超过2个。对确已不能成穗和不能正常成熟的小穗，应因地因苗而进行疏穗，去掉无效果穗、小穗或瞎果穗，减少水分和养分消耗，这部分养分和水分可集中供应大果穗和发育健壮的果穗，促进果穗早熟、穗大、不秃尖、提高百粒重。还可增强通风透光，有利于早熟。

（4）打掉底叶。玉米生育后期，底部叶片老化、枯死，已失去功能作用，要及时打掉，增加田间通风透光。减少养分消耗，减轻病害浸染。

（5）站秆扒皮晾晒。可促玉米提早成熟5～7天，降低玉米水分14%～17%，增加产量5%～7%，同时，还能提高质量，改善品质。扒皮晾晒的时间很关键。一般在蜡熟中后期进行，即籽粒有一层硬盖时进行，过早过晚都不利，过早影响灌浆，降低产量；过晚失去意义。方法比较简单，就是扒开玉米苞叶，使籽粒全部露在外面，但注意不要折断穗柄，否则影响产量。

（6）适时晚收。适当晚收获是增加粒重从而增产的有效措施。一般玉米植株不冻死不收获，这样可以充分发挥玉米的后熟作用，可使其充分成熟，脱水好，增加产量，改善品质。果穗苞叶干枯后再收获，比苞叶变黄收获，千粒重增加15%～20%，每亩可增产玉米50～100千克。建议尽量晚收获，要求至玉米黑胚层出现，籽粒乳线消失时收获。对于因干旱种植较晚的玉米，可以带活秆收获，即在玉米收获时，果穗和秸秆一同收获，以使果穗继续从玉米秆中吸收养分，从而最大限度地增加玉米的千粒重，直至玉米苞叶干枯时再收获果穗。

（7）玉米机械化收获。在玉米成熟时，根据其种植方式、农艺要求，用机械完成对玉米的茎秆切割、摘穗、剥皮、脱粒、秸秆处理等生产环节的作业。联合收获作业机械化程度高，可以大幅度地提高劳动生产效率，减轻劳动强度，减少收获损失，能及时收获和清理田地。

①收获机机型。玉米收获机主要机型有背负式和自走式，两种机型只是动力来源形式不同，工作原理相同。自走式玉米联合收获机自带动力，背负式需要与拖拉机配套使用，一次进地均可完成摘穗、剥皮、集箱、秸秆粉碎联合作业。主要由割台、输送器、粮仓、秸秆粉碎还田机等部件组成。背负式价格低廉，并可充分利用现有拖拉机，一次性投资相对较少，但操控性及专业化程度不及自走式。自走式玉米联合收获机自带动力，其特点是工作效率高，作业效果好，使用和保养方便。

②收获方式。机械收获玉米主要有两种方式：一种是直接收获玉米籽粒；另一种是收获玉米果穗。需要回收秸秆再利用的地区，可以选用穗茎兼收型玉米收获机。我国北方春玉米区玉米品种熟期偏晚，收获时籽粒含水量偏高（30%～40%），并且缺乏烘干条件，因此，使用玉米收获机作业主要以实现摘穗为目标，较少采用直接脱粒的联合收获方式，所以一般要求收获机完成摘穗（剥皮）、集果、清选、秸秆粉碎等作业。要直接完成脱粒作业，需选用熟期较早的品种或推迟收获期，让籽粒含水量降至25%以下。

一般在北方春玉米区玉米完熟期籽粒含水量大约在30%左右，以后每天下降0.3～0.8个百分点。其中，潮湿、冷冻天气籽粒含水量每天降水不足0.3%，高温、干燥天气籽粒含水量可降水1%。一般早熟品种、早播玉米脱水快；苞叶薄、少、松、果穗下垂、种皮薄、渗透性好的品种脱水快。玉米联合机械收获适应于等行距，行距偏差±5厘米以内，倒伏程度小于5%，最低结穗高度35厘米、果穗下垂率小于15%的地块作业。

③收获时期。按照玉米成熟标准，确定收获时期。适期收获玉米是增加粒重，减少损失，提高产量和品质的重要生产环节。我国玉米品种生育期偏长，许多地区玉米在蜡熟末期收获。美国玉米一般在完熟后2～4周或更晚直接脱粒收获，收获时籽粒含水量经常已经下降到15%～20%。

④质量要求。机械收获要求籽粒损失率≤2%、果穗损失率≤3%、籽粒破碎率≤1%、苞叶剥净率≥85%、果穗含杂率≤3%；茎秆切碎长度（带秸秆还田作业的机型）≤10厘米、还田茎秆切碎合格率≥90%。

（8）籽粒降水贮藏。北方春玉米区产区比较集中，目前种植的玉米品种生育期普遍偏晚，加上秋霜早，气温低，籽粒脱水困难，玉米籽粒具有水分含量高、成熟度不一致、呼吸旺盛、易发热、霉变等特点，比其他谷类作物较难贮藏，在贮藏前要做好玉米籽粒的降水。

收获前田间降水的技术包括选用适宜品种，站秆扒皮，合理施肥，打老叶和推迟收获。

①选用适宜品种。选用当地生育期适中或较早熟、后期籽粒脱水快的品种。

②站秆扒皮。作为生育期偏晚及低温等灾害性天气下的一种补救措施，有条件的农户，可进行玉米站秆扒皮晒穗。即在玉米进入蜡熟初期时，将果穗外边苞叶全部扒下，使玉米籽粒直接照射阳光，水分可降低7%～10%。玉米站秆扒皮要注意以下几个问题：一是“火候”，必须掌握在蜡熟期，白露前后玉米定浆时再扒，否则容易引来虫害；二是玉米成熟期有早有晚，同一地块也不一样，要根据成熟情况，好一块扒一块，不能一刀切；三是因玉米品种和扒皮时间不同，水分大小也不同，为保证质量，便于保管和脱粒，扒皮和未扒皮的要分别堆放，单独脱粒。

③合理施肥。施肥掌握早施、少施的原则，一般不晚于吐丝期，粒肥施用量不超过总追肥量的10%。如果土壤肥沃，穗期追肥较多，玉米长势好，无脱肥现象，则不必再施攻粒肥，以防贪青晚熟。

④打老叶。生育后期底部叶片老化枯萎，可及时打掉，增加田间通风透光。

⑤推迟收获。推迟收获，站秆晾晒果穗，促进自然脱水。

收获后降水的技术包括通风晾晒、分级装袋和烘穗烘粒。

①通风晾晒。玉米穗集中到场院后要进行通风晾晒，隔几天翻倒1次，防止捂堆霉变。

②分级装袋。脱粒后的玉米降水，把低水分和高水分的玉米分开装袋，不能混装。

③烘穗烘粒。增加玉米烘干机械和仓储设施，烘穗、烘粒。粒贮的籽粒入仓前，要把玉米水分降至14%以内。

3.3.7.3 收获期异常管理

（1）玉米收获时发现空秆现象，如果空秆率超过10%，会影响产量。空秆有两种形式：一种是完全性空秆，即没有出现雌穗；另一种是叶腋间有果穗雏形，但未完成发育。造成玉米空秆的原因主要是种植密度、施肥情况、气象条件及田间管理。超过品种适宜种植密度和土壤肥力范围以后，种植密度越大，空秆率越高，尤其是水肥不足的情况下，表现最为显著。由于密度过大，农田小气候条件恶化，植株受到严重遮荫，单株营养面积小，接受的太阳辐射能量减少，光合作用强度降低，根系发育不良，造成空秆。肥料不足或氮肥过量会增加空秆率。需要注意的是，农户往往过量施用氮肥，玉米生长过于茂盛，造成营养生长同生殖生长的矛盾，由于植株徒长，光照不足，使雌穗分化受到抑制，增加空秆率。在玉米雌穗形成和发育时期，过分干旱，则雌穗萎缩不能抽出，或抽出不能吐丝。雌雄穗分化期遇上阴雨连绵，日照不足，植株光合作用强度降低。加上土壤长期积水通气不良，根系的吸收能力减弱，营养物质不能满足雌穗形成的需要，都会使雌穗无法分化或分化后不能正常发育，造成空秆现象。

（2）秃尖和缺粒现象。玉米秃尖是指果穗顶部不结实。当雌穗顶部花丝抽出时，雄穗已散粉完毕，因而得不到花粉受粉受精。缺粒有两种，一种是缺行；另一种是满天星缺粒，即果穗上只结少数籽粒。缺行，多发生在雌穗吐丝时遇到连日阴天，花丝成簇向一面下垂，影响下部花丝的正常授粉。果穗着生角度大的品种更容易发生这种现象。满天星缺粒经常发生在雌穗发育较迟、抽丝较晚的植株上。秃尖和缺粒的主要原因：①密度不当。密度过大造成植株过早封行、荫蔽，使果穗的功能叶受到的光照不足，缺乏营养，腋芽不能转为花芽，影响雌穗生长发育。由于叶片互相交错，往往造成花丝受叶片遮盖，而不能授粉引起缺粒。②营养物质供应失调。如果缺磷、钾，雌穗分化迟缓，开花延迟，甚至由于养分转运受阻，雌花发育遭到破坏。雄花的不孕花粉增多，授粉条件恶化，引起缺粒。③不良气候条件影响。在玉米雌穗形成期和发育时期过分干旱，则雌穗不能抽出或抽出而不能吐丝。雌雄穗分化期如阴雨绵绵，日光不足，光合强度减低。土壤长期积水，通气不良，根系吸收能力减弱，营养物质少，不能进行雌穗分化或分化后不能正常发育；土壤水分不足，则雌雄花穗两者开花间隔时间延长可达10～20天，加上果穗顶部开花最迟，当花丝抽出时，往往花粉源不足，失去授粉机会而形成秃尖。防止秃尖和缺粒最好是采用人工辅助授粉，同时加强肥、水管理。

参考文献

郭庆法，王庆成，汪黎明，2004．中国玉米栽培学 [M]．上海：上海科学出版社．

农业农村部科学施肥专家指导组，2022．2022年北方春玉米科学施肥指导意见 [N]．农民日报，03-23．

唐丽媛，李从锋，马玮，等，2012．渐密种植条件下玉米植株形态特征及其相关性分析 [J]．作物学报，38（8）：1529-1537．

王娜，2011．不同耐密性玉米品种维管束特性及源库系统特点研究 [D]．沈阳：沈阳农业大学．

王延波，2020．玉米高产技术问答 [M]．北京：中国农业出版社．

Hanway J J.，1966．How a corn plant develops [D]．Iowa State University．

第4章

保护性耕作技术模式

保护性耕作技术模式，是为了有效遏制东北黑土地退化，经过专家多年的理论探讨和实践研究总结得出的保护土壤的措施。该模式是以作物秸秆覆盖免耕栽培为核心，包括机械收获与秸秆覆盖、免耕播种与施肥、病虫草害防治、轮作等技术环节的全程机械化技术体系。保护性耕作技术模式的实施减少了对土壤的扰动，改善了土壤结构，增加了土地肥力和保水能力，实现了减化肥、省人工、保产量的效果。保护性耕作技术模式的诞生就是为了能够解决土地肥力透支的问题，保护性耕作就是为了能够让耕作得到更加可持续地进步和发展。

4.1 玉米秸秆全量覆盖均匀行技术模式

玉米秸秆全量覆盖均匀行技术模式（简称均匀行）是指前茬玉米收获后秸秆全量均匀覆盖地表，当年春季采用均匀行免耕播种的技术模式。下一年保持原行距，在前茬的行间播种，实现年际交替轮换，均匀行行距一般大于60厘米。

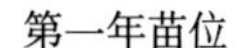

行距：60厘米/65厘米/70厘米

第二年苗位

行距：60厘米/65厘米/70厘米

秸秆全量覆盖均匀行示意图

技术流程：收获（秸秆覆盖还田）→免耕播种施肥→防治病虫草害→必要的土壤疏松。

秸秆全量覆盖均匀行苗期

4.1.1 模式优点

（1）玉米秸秆全量覆盖均匀行技术模式作业环节少、生产成本降低，综合效益提升。

（2）收获时秸秆全部还田并均匀覆盖在地表，能实现养地、保土与保水的目的。

（3）能够有效减轻土壤风蚀水蚀、增加土壤肥力和保墒抗旱能力、提高农业生态和经济效益。

4.1.2 技术要点

（1）机械收获秸秆覆盖还田。在秋季玉米机收的同时实现秸秆粉碎全量还田，均匀覆盖地表越冬。秸秆还田可采取秸秆粉碎还田和留高茬粉碎还田两种还田方式。

秸秆粉碎还田：保留根茬，将秸秆全量粉碎还田均匀覆盖地表越冬。秸秆切碎长度≤10厘米，合格率应≥85%，均匀抛洒；

秸秆高留茬粉碎还田：在玉米机收时，保留一定根茬高度，实现留高茬覆盖地表越冬。保留根茬高度≥25厘米，秸秆切碎长度≤10厘米，合格率应≥85%，均匀抛洒。

（2）免耕播种施肥。在不耕作土壤的前提下，直接采用高性能免耕播种机进行免耕播种作业，采取均匀行方式种植。春播前不进行任何整地作业；当5～10厘米耕层地温稳定在10℃以上、土壤含水率在18%左右时适宜播种；播种作业要求种子播深3厘米，化肥深施8～12厘米，种肥隔离距离达到7厘米以上，做到不漏播、不重播、播深一致，覆土良好，镇压严实。

（3）药剂除草。药剂除草原则上要根据杂草种类和数量选择除草剂和用量。建议进行苗后除草，晴天喷施除草剂。施药时期宜在玉米苗3～5叶时，防止过早或过晚喷施除草剂，以免产生药害。

如需要进行深松整地作业，一般进行秋季深松，隔年深松一次，深度一般应≥25厘米，无漏耕和重耕现象。

4.1.3 注意事项

秸秆覆盖均匀行还田模式适宜大部分耕地上采用，其中均匀行平作更适于保护性耕作发展，适于规模化经营的耕地上应用，但个别低洼地块不适宜。

4.2 秸秆集行全量覆盖宽窄行技术模式

玉米秸秆集行全量覆盖宽窄行技术模式（简称宽窄行）是指收获后秸秆全部覆盖地表，采用集行机集行，宽窄行免耕播种，秸秆在行间交替（或间隔）覆盖还田的技术模式。上年玉米收获秸秆还田后，在原均匀行距条件下，采用集行机集行秸秆，相邻两行或三行合并种两行，形成窄行作为苗带、宽行放置秸秆的种植模式，宽行、窄行隔年交替种植。

第一年苗位　　行距：窄行40厘米/50厘米；宽行60厘米/80厘米/90厘米

第二年苗位　　行距：窄行40厘米/50厘米；宽行60厘米/80厘米/90厘米

秸秆全量覆盖宽窄行示意图

玉米宽窄行种植技术，把现行耕法的均匀行（60～65厘米）种植，改成宽行80～90厘米，容纳秸秆，窄行40厘米为种植苗带，部分地区在6月中下旬至7月上旬，在宽行进行苗期深松结合追肥。第二年春季，宽窄行轮换。这项技术具有以下突出特点：

秸秆全量覆盖宽窄行苗期

（1）通风好、透光性高，边际效应明显；

（2）苗带平作轮换休闲与根茬还田相结合，既能防止风包地和雨水侵蚀，又能有效地保护土壤的有机质；

（3）田间管理由传统的三铲三趟一次追肥转变为一次深松追肥，减少了作业环节和作业面积，降低作业成本30%以上，既省工省时又节约生产成本；

（4）蓄水能力增加、保墒能力增强，比常规垄作栽培土壤含水量提高1.8～3.2个百分点；

（5）可适当增加密度，实现以密增产。

该项技术自推广应用以来取得了良好的经济效益和生态效益，深受农民朋友的喜爱。

4.3 秸秆集行全量覆盖二比空技术模式

二比空种植模式是种几行空几行的种植模式，比如最常见的2：1比空种植模式，是种2行，空1行的方式，也有3：1、3：3、4：1、4：2等种植模式的组合。常规二比空种植模式没有秸秆覆盖，保护性耕作条件下的比空种植模式有秸秆覆盖，根据秸秆覆盖量的大小，采取不同的秸秆处理方式。

第一年苗位　　行距：60厘米/65厘米/70厘米

第二年苗位　　行距：60厘米/65厘米/70厘米

二比空种植模式示意图

二比空苗期

秸秆全覆盖“二比空”给秸秆还田创造了空间，有以下几点好处：

（1）通风透光。大垄行距120～140厘米，实现了行行是边行，垄垄是地头的效果，提高了光能利用率，且给强风通过留下风道，增加了抗倒伏能力，利于通风、透光，能减少病虫草害发生，充分发挥了边际优势。

（2）抗旱保墒。由于平作保墒效果明显，在严重春旱的情况下，实现了苗全、苗齐、苗壮，特别在6—8月干旱的极端环境中表现优异，无“黄脚”及叶片打绺现象出现。

（3）防风固土。秸秆全量覆盖后不仅能减少土壤的风蚀、水蚀，还有一定的抗风能力。

（4）保护环境减少污染。秸秆全覆盖避免了秸秆焚烧对环境的污染，同时秸秆腐烂后还能增加土壤有机质，逐渐减少化肥投入量，减缓土壤板结，提高土地通透性和可耕性。

（5）省时、省工、省力、减少燃油消耗及机械磨损，降低化肥施用量。空行即成为休耕行，次年在上年休耕行进行播种。不改变原有行距和作业机具。这种模式省时省力，用2/3的时间完成全部播种作业，节省工时1/3。

（6）恢复地力，增加产量。可以适当增加密度，实现以密增产；宽行、窄行来回调换，有利于地力的恢复。

4.4 玉米秸秆覆盖原垄垄作技术模式

原垄垄作是指收获时采用玉米收获机收获果穗或籽粒，收获后，整秆或粉碎的秸秆和残茬以自然状态留置垄沟越冬，免耕播种后，苗期中耕1～3次配合追肥。

第一年苗位　　行距：55厘米/60厘米/65厘米

第二年苗位　　行距：55厘米/60厘米/65厘米

玉米秸秆覆盖原垄垄作示意图

玉米秸秆覆盖原垄垄作苗期

该模式作物收获、免耕播种、病虫草害防治与秸秆全量覆盖均匀行免耕播种一致，除此之外，还有以下几点技术特点：

（1）原垄垄作通常在前一作物年度的第二次种植期间形成。如果将在2022年进行原垄垄作，但尚未起垄，则应在2021年秋收后进行起垄作业，以后垄就保留，年年都种在垄上，秸秆置于垄沟。

（2）可采用灭茬机播种前对垄上的根茬进行灭茬处理，提高播种质量。

（3）6月中下旬至7月上旬，可进行1～2次中耕培垄，配合追肥，可起到散墒提温的作用。

原垄垄作模式的优点：

（1）保持水分。垄作是提高土壤水分储存和在冬季从雪中收集水分的绝佳选择，可以增加水的渗透，减少径流，并减少蒸发。

（2）升温快。在春季，玉米种植在垄上，起垄使土壤更快地升温，温暖的土壤能加速发芽和作物生长，提高产量并提供其他好处，例如快速建立作物冠层。

4.5 玉米秸秆覆盖条带浅旋耕作技术模式

长期以来，农民一直在用传统方式耕种田地，并且获得了效益。然而，近几十年来，天气变化、经济发展以及为改善土壤健康和可持续性所做的保护工作已导致传统耕作转向免耕种植。种植者通常将自己归类为传统耕作或免耕。但是，还有第三种选择。条旋耕可能是传统和免耕做法之间的中间点，也是向免耕系统过渡的重要一步。

条带旋耕作技术模式是指秋季或者春季进行覆盖秸秆集行，使用专用条带浅旋耕作机对苗带（待播种带）表土进行少耕作业，即仅浅耕播种带，再用免耕播种机播种的技术模式。上年玉米收获的同时将秸秆粉碎覆盖在地表，秋季或春季采用秸秆集行机进行集行处理后露出基本洁净的待播种带，然后使用专用苗带耕作机浅旋耕苗带，疏松表土，春季直接免耕播种。

条旋机作业

条旋后的效果

条带耕作出苗情况

条带旋耕好处：

（1）春季土壤升温快。在播种前清理苗带秸秆，苗带升温快。

（2）解决土壤压实问题。由于秋季收获或秸秆打包，导致土壤压实严重，通过苗带浅旋，可有效解决土壤压实问题。

（3）留住秸秆并减少秸秆漂移。通过秸秆集行，将秸秆保留在宽行（休闲带），条带浅旋过程中，溅起到秸秆上的土壤，可有效解决春风导致的秸秆漂移问题。达到了既保证苗带干净，同时保持大部分秸秆覆盖地表的效果。

4.6 保护性耕作技术效果

保护性耕作是以免耕或少耕为核心，采用全程机械化的手段，将耕作减少到只要能保证种子发芽即可，用农作物秸秆及残茬覆盖地表，并主要用农药来控制杂草和病虫害的一种耕作技术。随着传统翻耕技术的发展，人类和自然的矛盾愈来愈突出，比如耕翻作业耕作强度愈大，除掉地面残茬、杂草固然有利于播种，但同时也破坏了对地面的保护，导致土壤风蚀、水蚀加剧；旋耕切碎土壤，创造了松软细碎的种床，但同时又消灭了土壤中的蚯蚓与生物，使土壤慢慢失去活性。保护性耕作取消铧式犁翻耕，减少了作业次数，在土壤表层有秸秆覆盖的情况下进行免耕播种。这种耕作措施增加了土壤的自我保护能力，用更少的资源投入，提高了产量，营造了更健康的土壤环境和水体环境。除此之外，实施保护性耕作具有较多显而易见的效果，下面将分条详细论述。

保 护 性 耕 作 的 优 越 性

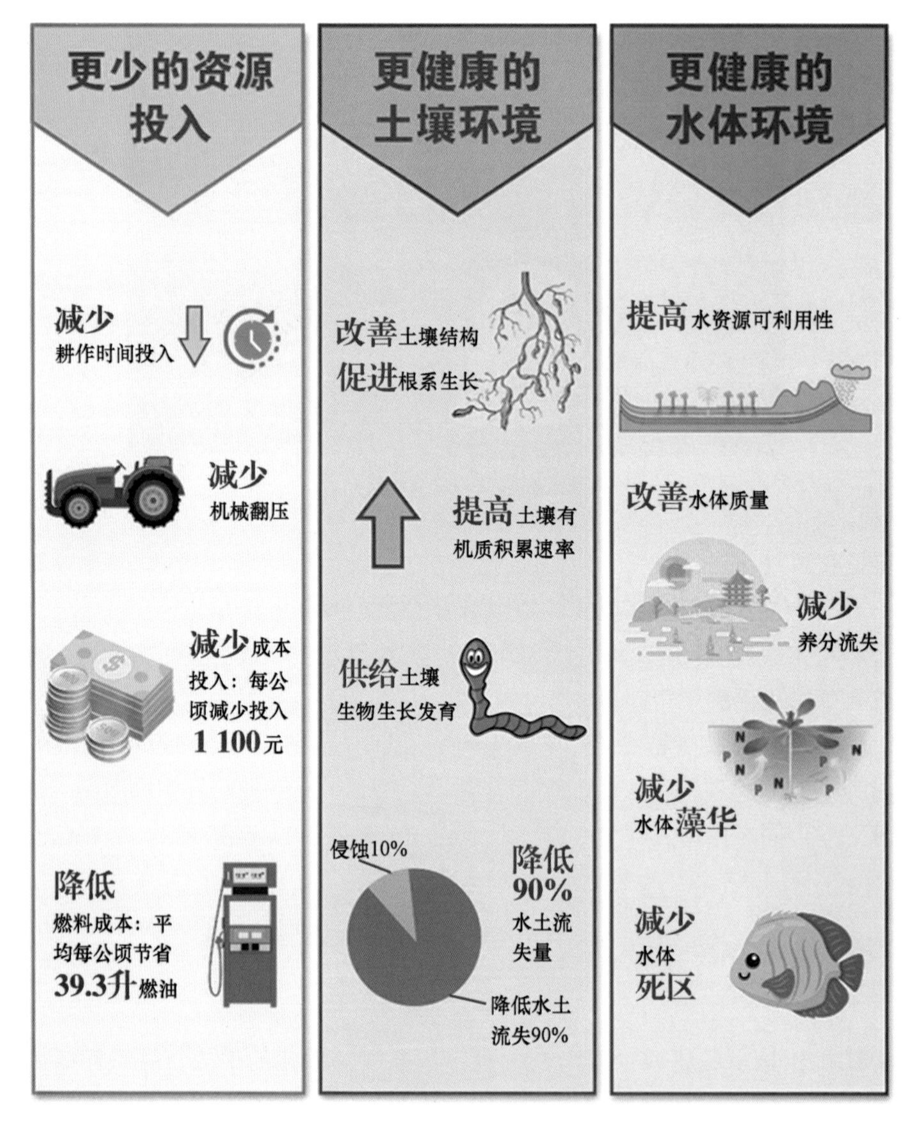

保护性耕作的优越性

资料来源：https://fyi.extension.wisc.edu/foxdemofarms/conservation-agriculture/minimal-soil-disturbance-conservation-tillage/，有修改。

4.6.1 增碳培肥

秸秆还田直接增加了有机物质的输入，秸秆被微生物分解转化成为各种含碳有机化合物，成为土壤有机质。随着秸秆还田年限的增加，土壤有机质含量呈现逐年增加的趋势。自2007年起，中国科学院沈阳应用生态研究所保护性耕作科研团队在吉林省梨树县高家村建立基地，进行秸秆不同还田量试验，发现耕层土壤（0～20厘米）有机质由22.5克/千克增加至24.0克/千克，年均增加幅度为0.5%～0.7%；土壤表层（0～5厘米）有机质含量增加比例达32%，经8～12年可达到最大值。

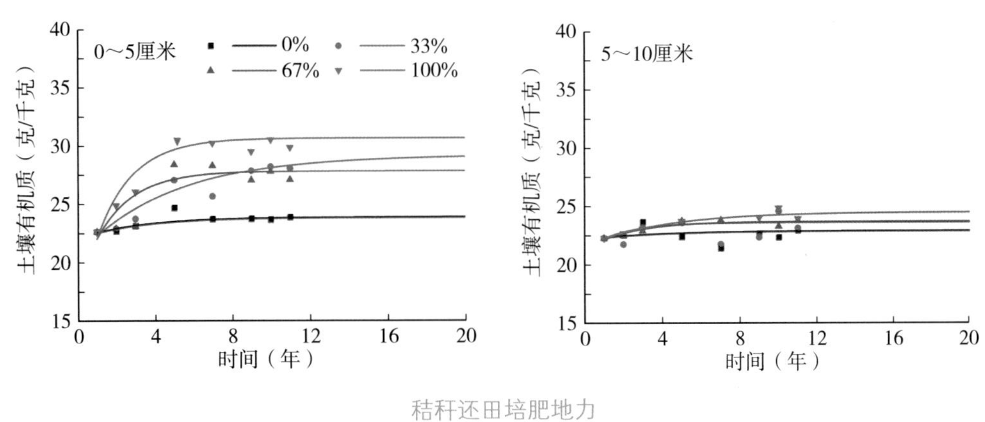

秸秆还田培肥地力

4.6.2 防风蚀水蚀

裸露的农田是造成土壤侵蚀和沙尘天气的主要因素之一。目前，我国北方农田部分仍采用旋耕、耕翻的传统耕作习惯，在有强降水和大风劲作用下，极易引起水土流失和扬尘天气，造成风蚀和水蚀并带走大量肥沃的表土，是影响土地退化的主要原因。保护性耕作通过留茬和秸秆覆盖地表，等于给大地盖上一层被子，起到挡风固土的作用。减少了风对土壤的侵蚀，降雨时防止了水对土壤的侵蚀。

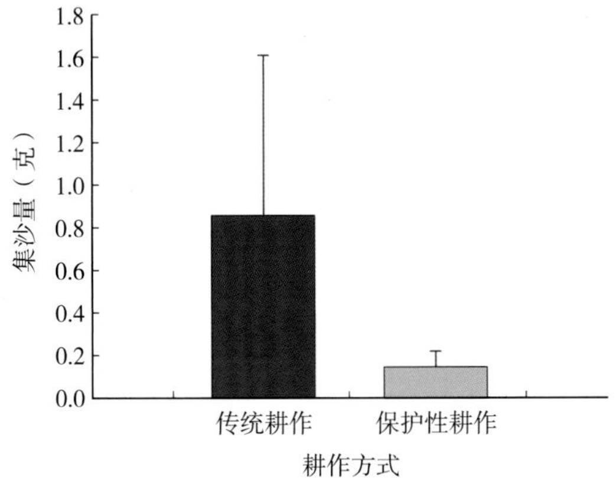

秸秆还田防风蚀水蚀

4.6.3 改善土壤生物性状

秸秆还田，为土壤生物供应了充足的养分；耕作次数的减少，保护了土壤生物。2017年7月，在连续实施秸秆全部还田10年的地块测定，每平方米蚯蚓的数量平均45条，常规耕作只有3～5条。大量蚯蚓等生物活动，对疏松土壤、加快秸秆转化、促进土壤熟化都起到了有益的作用。

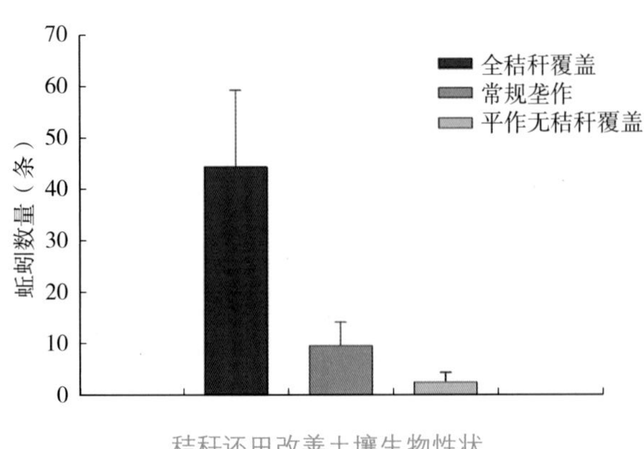

秸秆还田改善土壤生物性状

4.6.4 蓄水保墒

秸秆覆盖保护了土壤水入渗能力，同时也能阻止径流，可以把更多的雨水蓄留在耕层；秸秆覆盖在地表阻挡阳光的照射，减少土壤水分蒸发；干旱时，保存在耕层中的水分及时地补充给作物；全部秸秆覆盖地块，相当于增加40～50毫米降水，可延缓旱情5～7天。

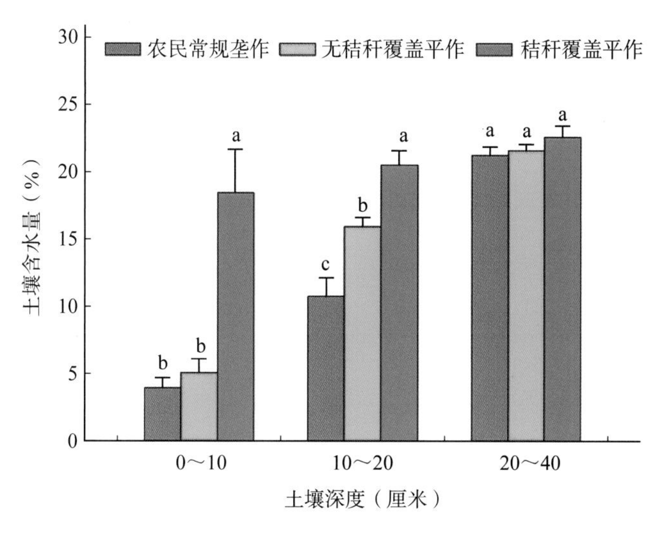

秸秆还田蓄水保墒

4.6.5 保护环境

大面积实施可以有效抑制“沙尘暴”。此外，有效避免了焚烧秸秆造成的大气污染。实施保护性耕作，作业次数减少，作业强度降低，减少了机器进地次数3～5次，减少燃油消耗1/3左右；秸秆还田5年以上的地块，腐烂的秸秆逐年释放养分，每年少施用20%左右的化肥，仍然保持粮食稳产高产；秸秆焚烧问题得到彻底解决，能减少烟尘污染和碳排放。

秸秆还田保护环境

4.6.6 提高产量

秸秆腐烂能使土壤有机质含量提高，有益生物增多，土壤结构得到了改善，肥料利用率提高。在这些有利因素的综合作用下，可以保持持续稳产高产，在干旱年份基本不受旱灾影响，具有明显的增产作用。梨树镇高家村十年的定位试验中，一般平均产量比对照平均高出9.32%。

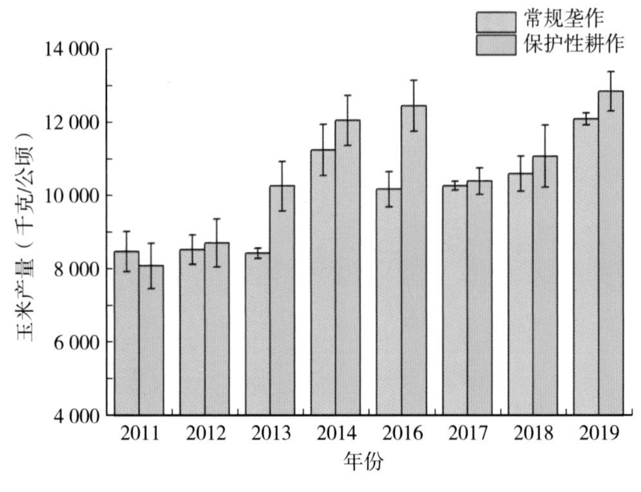

秸秆还田提高产量

4.6.7 节本增效

与两次甚至多次农机进地的土壤传统耕作相比，免耕播种机仅仅一次作业工序完成播种意味着拖拉机及劳动力作业时间的减少或者相同时间内完成更多的播种面积，作业环节少，作业费用低，生产成本大大节约，劳动强度也明显降低。每公顷可节约成本1 000～1 500元（表4-1）。

表4-1 秸秆还田节约成本

	保护性耕作	常规耕作	节本
灭茬旋耕起垄镇压	0	525	525
播种施肥	600	525	−75
喷施除草剂	150	150	0
铲趟及中耕追肥	0	450	450
清理秸秆	0	225	225
合计	750	1 875	1 125

第5章 保护性耕作病虫草害防治

病虫草害是影响粮食生产持续稳定发展的主要因素之一。秸秆大量还田时，一些在秸秆或根茬上越冬的害虫及病菌（玉米螟、大斑病等），成为第2年的虫源和病源。

通过高效的植保技术控制杂草和病虫害是加速推进保护性耕作进程，保障玉米生产安全的重要环节。为了满足基层技术人员和不断扩大的种粮大户、家庭农场、种植业专业合作社等新型农业经营组织对保护性耕作玉米病虫草害防控技术的需求，宣传、普及和推广先进、适用的玉米病虫草害防控新技术，我们编写了保护性耕作病虫草害防治一章，本章具有技术内容翔实，针对性、实用性、操作性和可读性强等特点。希望通过此书的出版发行，能进一步提高保护性耕作玉米病虫草害防控技术的普及率和到位率，加速推进保护性耕作进程，持续发挥保护性耕作的优势作用。

5.1 常见病害发生特点及防治方法

玉米是我国的主要粮食作物，种植面积和总产量仅次于小麦和水稻而居第三位。玉米除食用外，还是发展畜牧业的优良饲料和轻工、医药工业的重要原料。病害是影响玉米生产的主要灾害，常年损失6%～10%。据报道，全世界玉米病害80多种，我国有30多种。目前发生普遍而又严重的病害有大斑病、小斑病、锈病、纹枯病、弯孢霉叶斑病、茎基腐病、丝黑穗病等。根据玉米生长的时期及部位，主要分为玉米苗期病害、叶斑类病害、玉米花穗期病害、其他部位病害（叶鞘、茎秆和根部）、营养失调所致病变、环境因素引起的生理病变等。

5.1.1 苗期病害

玉米从播种出苗到拔节这一阶段为苗期，此阶段主要生长特点是地上部分生长缓慢，根系生长迅速。玉米苗期病害主要为玉米苗枯病与根腐病。玉米苗枯病是由多种病原菌单独或复合侵染根部而使幼苗弱小甚至枯死现象的统称。该病田间分散或成片出现，造成缺苗断垄，甚至毁种，是春季玉米不保苗的重要原因之一。根腐病是玉米根部被病原菌侵染而发生的病害的总称。玉米苗期发生根腐导致苗枯病；成株期发生根腐病可随病原菌的不同而导致茎腐病、全蚀病等。生理性病害有白化苗和黄绿苗、玉米盐碱害等，若不及时防治，将会对玉米生产造成很大影响。

症状：玉米苗枯病的症状在幼苗2叶期便可表现。病株生长迟缓，明显矮化，瘦弱、色淡；从外叶向内叶可见叶片自边缘向叶基萎蔫进而青枯或黄枯；拔出病株，根系及中胚轴变成褐色，根毛减少，次生根无或少；有的在茎的第一节间形成坏死环，引起茎基水渍状腐烂；潮湿时在枯死幼苗的茎基部可见白色霉状物。注意与地下害虫引起的地上部萎蔫，根或茎基部有虫伤相区别。

病原：引起玉米苗枯病的病原很多，主要有立枯丝核菌、镰孢菌、腐霉菌、木霉菌、青霉菌、炭黑蠕孢菌等。

发病规律：引起苗枯病的各种病原菌在土壤和种子上越冬。由于是弱寄生菌，可长期（2～3年）在土壤中存活，种子主要携带镰孢菌，其次为立枯丝核菌和炭黑蠕孢菌。玉米播种后，土壤或种子上的病菌开始侵染种子根、次生根、中胚轴甚至茎基部，引起地上部幼苗发病，枯死。品种间抗病性存在差异；使用陈旧种子，春季长期低温多雨，土质黏重或板结，整地质量差，偏施氮肥而缺少磷肥的田块发病均严重。玉米苗期主要病害及其特点见表5-1。

表5-1 玉米苗期主要病害及其特点

病害	症状	发病条件
立枯丝核菌根腐病	苗期引起根系及茎基部染病部位变褐坏死，地上部叶片边缘出现黄褐色云纹状斑，可致田间大量死苗，严重地块发病率高达80%	土温低、湿度大、黏质土发病重，播种前整地粗放、种子质量不高、播种过深、土壤贫瘠易发病
镰刀菌苗枯病	从种子萌芽到3～5叶期的幼苗多发，病芽种子根变褐腐烂，可扩展到中胚轴，严重时幼芽烂死	玉米品种间抗病性有差异，大面积种植高感品种使苗枯病渐趋严重。小粒玉米杂交种苗期长势较弱，对高温、多湿较敏感，发病较重
种子霉烂和腐霉菌根腐病	初发病时幼苗叶色变黄，后萎蔫并枯死。扒开土壤见种子在发芽前组织呈水渍状；中胚轴处的茎组织软腐、烂坏，病部色暗	在排水不良、10～13℃低温及土壤湿度大条件下易发生，播种过深、土壤黏重发病重。甜玉米比马齿形玉米易染病

5.1.1.1 立枯丝核菌根腐病防治方法

（1）认真平整土地，防止大水漫灌和雨后积水。苗期注意松土，增加土壤通透性。

（2）适期播种，不宜过早。

（3）提倡采用种衣剂包衣，具体用法见使用说明书。

（4）发病初期喷洒或浇灌50%甲基硫菌灵（甲基托布津）可湿性粉剂500倍液，或50%多菌灵可湿性粉剂500倍液，或配成药土撒在茎基部。也可用3.2%恶甲水剂300～400倍液，或95%绿亨1号（恶霉灵）精品4 000倍液。

5.1.1.2 玉米镰刀菌苗枯病防治方法

（1）选用优良的玉米品种。

（2）提倡施用酵素菌沤制的堆肥或充分腐熟有机肥。

（3）加强苗期管理，及时排水，注意提高地温，增强抗病力。

（4）必要时喷洒促丰宝Ⅱ号多元复合液肥600～800倍液，或绿风95植物生长调节剂800倍液，或万家宝500～600倍液。必要时每亩用万家宝250克随水浇入土壤，防病效果好。

5.1.1.3 种子霉烂和腐霉菌根腐病防治方法

（1）选用良种，测定发芽率，发芽率低于90%要更换种子或加大播种量。

（2）播种前进行种子处理。用ABT4号生根粉15～20毫克/千克溶液浸种6～8小时，或用0.3～0.5毫克/千克的芸苔素内酯溶液浸种12小时后播种，出苗早且齐，根系发达，增强抗逆力。必要时用根保种衣剂包衣，于播种前按药种1：40的比例进行种子包衣，壮苗早发、苗全苗壮。

（3）适时播种，土壤表层5～10厘米地温稳定在10～12℃，土壤含水量占田间持水量的60%以上，即可播种。

（4）提高播种质量。

（5）种子处理播种前晒种1～2天，对带菌种子用2%福尔马林溶液浸种3小时，或用80%农用402抗菌剂8 000倍液，或用种子重量0.2%的万家宝浸种24小时后用清水冲净，晾干即可播种。发病初期喷洒或浇灌95%绿亨1号（恶霉灵）精品4 000倍液。

5.1.2 叶斑类病害

主要发生在叶片上，病斑密集时延及全叶。主要包括：玉米大斑病、炭疽病、细菌性条纹病、霜霉病、轮纹斑病、红叶病、玉米斑枯病、弯孢霉叶斑病、玉米小斑病、玉米眼斑病、玉米锈病等病害。叶斑类病害及其主要特点见表5-2。

表5-2　叶斑类病害及其主要特点

病害名称	症状描述	发病条件
大斑病	主要为害叶片，严重时也为害叶鞘和苞叶，一般先从底部叶片开始发生逐步向上扩展，严重时能遍及全株	温度20～25℃，相对温度90%以上利于病害发生，从拔节到出穗期间，气温适宜，又遇连续阴雨天，病害发展迅速，易会大流行
炭疽病	病斑梭形至近梭形，中央浅褐色，四周深褐色，大小2～4毫米×1～2毫米，病部生有黑色小粒点，后期病斑融合，致叶片枯死	玉米炭疽病发病适宜温度为20～30℃，利于该病的发生蔓延，玉米苗期和成株期均可感病
条纹病	在玉米叶片、叶鞘上生褐色至暗褐色条斑或叶斑，严重时病斑融合。有的病斑呈长条状，致叶片呈暗褐色干枯	高温多雨季节、地势低洼、土壤板结易发病，伤口多，偏施氮肥发病重
霜霉病	幼苗受侵染后，全株呈淡绿色，逐渐变黄枯死；成株受侵染，自中部叶片的基部开始发病，逐渐向上蔓延，使叶片的下半部或全部变为淡绿色至淡黄色，以致枯死	玉米五、六叶期，温度25℃，相对湿度80%，最容易发病
轮纹斑病	初在叶面上产生圆形至椭圆形的褐色至紫红色病斑，后期轮纹较明显。病斑汇合后很像豹纹，致叶片枯死	多雨的年份或低洼高湿田块普遍发生，致叶片提早干枯死亡
玉米斑枯病	初生病斑椭圆形，红褐色，后中央变为灰白色、边缘浅褐色的不规则形斑，致叶片局部枯死	冷凉潮湿的环境利其发病
玉米弯孢菌叶斑病	叶部病斑初为水渍状褪绿半透明小点，后扩大为圆形、椭圆形或长条形，感病品种叶片密布病斑，病斑结合后叶片枯死	温度高、湿度大的环境条件，所以会在夏末高温多雨的时候发生严重
玉米小斑病	发病时叶片会出现水渍状的褐色病斑，然后扩大，最后变成暗褐色，如果潮湿，会生出暗黑色霉状物，影响光合作用	以高于25℃和雨日多的条件下发病重
玉米眼斑病	发病初期叶片上出现小而透明的圆形至卵形水渍状病斑，中央乳白色至茶褐色，四周具褐色至紫色的环，并有具黄色晕圈的狭窄带	冷湿的气候条件或冷凉、湿度大的山区或7—9月气温不高、降雨多的年份有利其流行
玉米锈病	发病严重时，整张叶片可布满锈褐色病斑，引起叶片枯黄，同时可为害苞叶、果穗和雄花	发病温度范围为15～35℃；最适发病环境温度为20～30℃，相对湿度95%以上；最适感病期为开花结穗到采收中后期
玉米叶斑病	主要为害叶片和苞叶。病斑不规则、透光，中央灰白色，边缘褐色，上生黑色小点，即病原菌的子囊座	冷湿条件易发病

5.1.2.1 玉米大斑病

症状：玉米大斑病主要侵害叶片，生产上的杂交种多从底叶开始发病，有的自交系也可从中部叶片开始发病。发病叶片上的典型病斑呈梭形，青灰色或黄褐色，病斑长达50～100毫米，宽约10～15毫米，后期正、反面的病斑上密生黑色霉层，为病菌的分生孢子梗和分生孢子。

病原菌：玉米大斑病由大斑突脐蠕孢菌真菌引起。分生孢子梗多从气孔抽出，褐色，不分枝，多数有3～5个隔膜；分生孢子褐绿色，梭形，有2～8个隔膜，脐点明显突出。

发病规律：玉米大斑病以菌丝和分生孢子在病残体内外越冬。翌年6月份，病菌遇适宜的温湿度条件，产生分生孢子，并随气流或雨水飞溅传播到叶片上，从表皮、气孔或伤口侵入叶内引起发病。病叶上产生的分生孢子可进行多次再侵染，致使病害在全田扩散蔓延。一般玉米重茬连作、过度密植、土质瘠薄；气候温暖潮湿，特别是多雨多露或阴雨连绵的天气有利于病害发生和流行。玉米抗大斑病情鉴定级别划分及评价标准见表5-3。

表5-3 玉米抗大斑病情鉴定级别划分及评价标准

病级	症状描述	抗性
1	叶片上无病斑或仅在穗位下部叶片上病斑零星分布，病斑占叶面积少于或等于5%	高抗
3	穗位下部叶片上有少量病斑，穗位上部叶片病斑零星，占叶面积6%、10%	抗
5	穗位下部叶片上病斑比较多，穗位上部叶片有病斑比较少，占叶面积11%、30%	中抗
7	穗位下部叶片或穗位上部叶片有病斑较大且相连，占叶面积31%、70%	感
9	整个植株叶片基本被病斑覆盖，叶片枯死	高感

防治方法：

（1）清除田间病残体，集中烧毁，或深耕深翻，压埋病原。

（2）积极推广抗病品种。在田间病菌大量积累的情况下，种植抗病品种一般不易大范围发生病害。不同玉米品种对大斑病的抗性差异很大，种植优良抗病品种是控制玉米大斑病的主要措施。

（3）改善耕作栽培环境。在种植形式上，要变等行距播种为宽、窄行种植，变大面积平播为高、矮秆作物间作套种，以改善田间通风、透光条件，促进玉米健壮生长。适期早播，可使玉米最危险的感病期大部分时间都避开高温多雨的季节，从而大大减轻玉米大斑病的危害。

（4）化学防治：用50%多菌灵可湿性粉剂500倍液，或50%退菌特可湿性粉剂800倍液，或80%代森锰锌可湿性粉剂500倍液，或75%百菌清可湿性粉剂500～800倍液，于玉米雄花期喷1～2次，每隔10～15天喷1次。

玉米大斑病

5.1.2.2　玉米炭疽病

症状：该病为害幼苗、叶片和茎秆，但通常将叶片发病称为炭疽病。叶片发病多先从叶尖开始，然后沿中脉向基部扩展。病斑初为暗绿色水渍状的密集小点，后变为褐色小梭形的病斑，周围有大而明显的黄色晕圈，病斑大小2～4毫米×1～2毫米，后期病斑上密生黑色小点，为病菌的分生孢子盘。

病原：玉米炭疽病由禾生刺盘孢菌真菌引起。分生孢子盘散生或聚生，突出寄主表皮，黑色，有暗褐色、数量较多的刚毛排列其上；分生孢子梗圆柱形，无色无隔；分生孢子镰刀形，无色单胞，弯度不大。

玉米炭疽病

资料来源：https://plantvillage.psu.edu/topics/corn-maize/infos。

发病规律：玉米炭疽病主要以菌丝体和分生孢子在病株残体和种子上越冬。种子带菌可引起幼苗发病。在玉米生长季节，病残体上越冬的菌丝体遇温暖潮湿条件萌发产生分生孢子，然后借气流或雨水飞溅传播到叶片上，从气孔或表皮侵入引起发病。病菌可多次再侵染而使病害在田间扩散。一般马齿型玉米较硬粒型玉米抗病；高温高湿有利于病害发生和流行。

防治方法：

（1）选用优良抗病品种。

（2）实行3年以上轮作。

（3）施用堆肥或腐熟有机肥。

（4）用种子重量0.5%的50%苯菌灵可湿性粉剂拌种。必要时喷洒50%甲基硫菌灵可湿性粉剂800倍液，或50%苯菌灵可湿性粉剂1 500倍液。

5.1.2.3 玉米细菌性条纹病

在玉米叶片、叶鞘上生褐色至暗褐色条斑或叶斑，严重时病斑融合。有的病斑呈长条状，致叶片呈暗褐色干枯。湿度大时，病部溢出很多菌脓，干燥后成褐色皮状物，被雨水冲刷后易脱落。病原细菌在病组织中越冬。翌春经风雨、昆虫或流水传播，从伤口或气孔、皮孔侵入，病菌深入内部组织引起发病。高温多雨季节、地势低洼、土壤板结易发病，伤口多、偏施氮肥发病重。

防治方法：

（1）提倡施用酵素菌沤制的堆肥，多施河泥等充分腐熟的有机肥。

（2）加强田间管理，地势低洼多湿的田块雨后及时排水。

玉米细菌性条纹病

资料来源：https://plantvillage.psu.edu/topics/corn-maize/infos。

5.1.2.4 玉米霜霉病

症状：在玉米上均能引起系统症状。病叶淡绿至淡黄色或苍白色，紫色条纹和条斑，湿度高时在叶背面形成灰白色霉状物，即病菌的无性繁殖体游动孢子囊梗和游动孢子囊。以后条纹和条斑颜色逐渐加深变褐，组织坏死。幼苗染病后生长缓慢，节间缩短，植株矮化。重病株不能正常抽穗。果穗雄花畸形。

病原：霜指霉属。孢囊梗无色，基部细，具一隔膜，上部肥大而分枝，分枝为双分叉，小梗近圆锥形，弯曲，每小梗顶生1个孢子。孢子囊无色，长椭圆形或长卵形，顶端稍圆，基部较尖。

发病规律：以病株残体内和落入土中的卵孢子、种子内潜伏的菌丝体及杂草寄主上的游动孢子囊越冬。带病种子是远距离传播的主要载体。病菌常以游动孢子囊萌发形成的芽管或以菌丝从气孔侵入玉米叶片，经过叶鞘进入茎秆，在茎端寄生，再发展到嫩叶上。生长季病株上产生的游动孢子囊，借气流和雨水反溅进行再侵染。高湿特别是降雨和结露是影响发病的决定性因素。玉米种植密度过大，通风透光不良，株间湿度高发病重。重茬连作，造成病菌积累发病重。

防治方法：

（1）选用抗病品种。

（2）及时拔除病株集中烧毁或深埋，发病株率高于20%应废耕。

（3）平整土地，注意排水，防止苗期淹水。

（4）发病初期喷洒90%乙磷铝可湿性粉剂400倍液，或64%杀毒矾可湿性粉剂500倍液，或72%杜邦克露或克霜氰或霜脲锰锌（克抗灵）可湿性粉剂700倍液，或12%绿乳铜乳油600倍液。对上述杀菌剂产生抗药性的地区，可改用69%安克锰锌可湿性粉剂、或水分散颗粒剂1 000倍液。有条件的可施用木霉素20亿/克水分散性微粒剂，防治霜霉病效果与乙磷铝相当。

玉米霜霉病

资料来源：https://plantvillage.psu.edu/topics/corn-maize/infos。

5.1.2.5 玉米弯孢菌叶斑病

症状：主要侵染叶片，叶片病斑圆形至卵圆形，直径约1～2毫米，中央灰白色，边缘黄褐色或红褐色周围有淡黄色晕圈，潮湿条件下，病斑正反两面均产生灰黑色霉状物（可与眼斑病区别），即为病菌的分生孢子梗和分生孢子。

病原菌：玉米弯孢菌叶斑病由新月弯孢菌引起。分生孢子梗2～16根束生，暗褐色，基部膨大，顶端曲膝状，有3～9隔膜。分生孢子淡褐色，田螺形或近椭圆形，多3个隔膜。

发病规律：玉米弯孢菌叶斑病以菌丝体在病株残体上越冬。每年玉米拔节和抽雄期正值高温雨季，病残体上产生大量的分生孢子，借气流和雨水传播到叶片上，在有水膜的条件下，分生孢子萌发侵入，引起发病并表现出症状，同时产生分生孢子进行反复再侵染。病菌最适萌发的温度为30～32℃、并要求饱和湿度和叶面有水膜的条件，因此高温高湿、雨水较多的年份有利于发病，此外地势低洼易积水或连作田块发病较重；杂草可传播病害。

防治方法：

（1）玉米收获后及时清理病株，减少初侵染来源。

（2）选用抗病品种。

（3）天气适合发病、田间发病率达10%时，用25%敌力脱乳油2 000倍液，或75%百菌清600倍或50%多菌灵500倍液。

玉米弯孢菌叶斑病

5.1.2.6 玉米小斑病

症状：玉米小斑病叶片、叶鞘、果穗等，以抽雄、灌浆期发病重。叶片病斑因品种抗病性和病菌生理小种的不同而异，玉米小斑病田间叶斑表现两种：一种为较大的长椭圆形病斑，中央黄褐色，边缘褐色，大小为10～15毫米×5～10毫米，病斑不受叶脉限制。另一种初较小后扩大的近圆形或长圆形病斑，病斑上具有明显的同心轮纹。在潮湿的条件下，两种病斑的表面均可产生黑色霉层。

病原：由玉米小斑离蠕孢菌引起。分生孢子梗从寄主气孔或表皮细胞间生出，单生或2～3根束生，不分枝，褐色，有3～8个隔膜。分生孢子长椭圆形，正直或向一侧弯曲，浅褐色，有3～10个隔膜，脐点明显凹入基细胞内。

发病规律：玉米小斑病主要以菌丝体和分生孢子在病株残体上越冬，种子表面也可少量带菌。病残体上越冬的病菌在玉米生长期遇适宜的温湿度条件时，即产生大量的分生孢子，借气流和雨水传播到玉米叶片上，从气孔或直接穿透表皮侵入，经5～7天后即可出现典型病斑。在温暖潮湿的条件下，病斑上又形成大量的分生孢子，借风雨传播，进行再侵染，引起病害在田间扩展。一般重茬连作、地势低洼、土质黏重、施肥不足、杂草丛生，潮湿多雨病害严重。

防治方法：

（1）选用抗病或耐病品种，品种搭配适当，防止单一种植。

（2）加强栽培管理，增施有机肥，采用配方施肥技术，增强寄主抗病力。

（3）发病初期喷洒50%多菌灵可湿性粉剂600～800倍液，或50%敌菌灵可湿性粉剂500倍液，或50%甲基硫菌灵可湿性粉剂500倍液，或36%甲基硫菌灵悬浮剂600倍液，隔10天左右1次，防治1次或2次。

玉米小斑病

资料来源：Kuilya J. et al. Studies on Southern corn leaf blight disease in West Bengal [J]. Maize Journal，2018，7（1）：42–47.

5.1.2.7 玉米眼斑病

症状：玉米眼斑病可侵害叶片、叶鞘、籽粒。在玉米生育前期主要下部叶片受害，而后期则中上部叶片受害为主。叶片病斑椭圆形或矩圆形，大小1～2.5毫米 ×0.5～1.5毫米，中央灰白色，边缘褐色，并具有黄色晕圈，状似眼睛而被称为眼斑病。有时一侧被叶脉限止而表现平直，病斑上霉层不明显。发生多时，病斑汇合，叶片枯死。通常也为害果穗顶端苞叶外裸露的籽粒，籽粒上病斑与叶片病斑相似。

病原：由玉蜀黍球梗孢菌引起。分生孢子盘大部分埋于寄主气孔下，极小，无色；分生孢子梗短棒形，无色，顶端膨大；分生孢子镰刀形、近棒形，单胞，无色透明。

发病规律：玉米眼斑病以菌丝、子座等在病株残体和种子上越冬。第二年遇适宜的环境条件产生分生孢子，靠气流传播，引起叶片发病，可多次再侵染。玉米生育后期，侵染苞叶外裸露的籽粒。一般前期降雨多，田间积水，玉米苗期即可发病，但以底叶受害为主。后期主要是果穗以上的叶片发病，因而对产量影响颇大。

防治方法：

（1）选用优良抗病品种。

（2）实行3年以上轮作。

（3）施用堆肥或腐熟有机肥。

（4）用种子重量0.5%的50%苯菌灵可湿性粉剂拌种。必要时喷洒50%甲基硫菌灵可湿性粉剂800倍液，或50%苯菌灵可湿性粉剂1 500倍液。

玉米眼斑病

5.1.2.8 玉米锈病

症状：玉米锈病主要发生于生育中后期，并以叶片受害为主。病叶上散生或聚生初为淡黄色后变为黄褐色、椭圆形或长椭圆形隆起的小疱斑，为病菌的夏孢子堆，当疱斑表皮破裂后，散出黄褐色的粉状物，即夏孢子。玉米收割前，在叶面上产生长椭圆形、黑色、直径1～2毫米的疱斑，里面包藏着黑色粉末，为病菌的冬孢子。

病原：由玉蜀黍柄锈菌引起。夏孢子球形、近球形或椭圆形，淡黄褐色，表面有细刺。冬孢子长椭圆形、椭圆形，红褐色，表面光滑，具1个隔膜，隔膜处稍缢缩，柄很长，淡黄色至淡褐色。

发病规律：玉米普通锈病的越冬和初侵染源尚未完全明确，认为可能是南方玉米锈病的夏孢子随季风和气流传播而来。夏孢子可从寄主表皮侵入而引起发病，一个生长季节可多次再侵染，引起病害在田间扩展。玉米收获前，产生冬孢子。一般甜玉米和早熟品种发病重，而马齿型较抗病；气温较低（16～23℃）和经常降雨、相对湿度较高（100%）的条件下，病害易于发生和流行；偏施氮肥有利于锈病的发生。

防治方法：

玉米锈病

资料来源：https://plantvillage.psu.edu/topics/corn-maize/infos。

（1）选育抗病品种。

（2）施用酵素菌沤制的堆肥，增施磷钾肥，避免偏施、过施氮肥，提高寄主抗病力。

（3）加强田间管理，清除酢浆草和病残体，集中深埋或烧毁，以减少侵染源。

（4）在发病初期开始喷洒25%三唑酮可湿性粉剂1 500～2 000倍液，或40%多·硫悬浮剂600倍液，或50%硫磺悬浮剂300倍液，或30%固体石硫合剂150倍液，或25%敌力脱乳油3 000倍液，或12.5%速保利可湿性粉剂4 000～5 000倍液，隔10天左右1次，连续防治2～3次。

5.1.2.9 玉米灰斑病

症状：玉米灰斑病可侵害叶片、叶鞘、苞叶等，以叶片受害为主。叶片上典型病斑为长方形，大小10～20毫米 ×2～4毫米，黄褐色、灰褐色或褐色，边缘有或无晕圈。有些品种或自交系病斑呈椭圆形、具明显黄色晕圈。发病后期多在叶片背面的病斑上产生白色或灰白色霉层，为病菌的分生孢子梗和分生孢子。

病原：玉米灰斑病由玉蜀黍尾孢菌引起。分生孢子梗丛生，不分枝，淡褐色，有1～4个隔膜。分生孢子无色，倒棒形，正直至弯曲，有3～10个膈膜。

玉米灰斑病

发病规律：玉米灰斑病以菌丝体或子座在病株残体上越冬。6—7月份遇适宜温湿度条件，产生分生孢子借气流传播到田间玉米植株上，从叶片气孔侵入，引起发病。病菌可多次再侵染导致病害在田间扩展。越冬病菌多，7—8月降雨频繁病害发生严重。

防治方法：种植抗病品种。玉米收获后及时深翻或清除病株残体，以减少菌源数量；施足底肥，及时追肥，防止玉米后期脱肥，以提高植株的抗病性；发病初期及时喷药防治，每隔7天一次，连续2～3次。所用药剂有：50%扑海因可湿性粉剂、70%甲基托布津可湿性粉剂、75%百菌清可湿性粉剂、50%退菌特可湿性粉剂等对水喷雾。

5.1.3 系统性病害和根茎部病害

玉米生长期间系统性侵染和根茎部侵染的病害是影响产量的主要原因之一，目前经常发生的病害主要有玉米粗缩病、玉米青枯病、玉米纹枯病、玉米叶鞘紫斑病、玉米茎腐病等（表5-4）。

表5-4 玉米系统性病害和根茎部主要病害

病害	症状描述	发病条件
玉米粗缩病	主要为害叶片、叶鞘、苞叶、根和茎部等，玉米生长的整个阶段都可能发生玉米粗缩病，其中苗期感染的几率最高，染病后的玉米植株在5～6叶表现出明显的症状	多雨低温是玉米粗缩病的主要发病条件
玉米青枯病	植株青枯萎蔫，整株叶片呈水烫状干枯褪色；果穗下垂，苞叶枯死；茎基部初为水浸状，后逐渐变为淡褐色，手捏有空心感，常导致倒伏	在玉米生长后期，多发生在气候潮湿的条件下
玉米纹枯病	叶鞘基部及叶片产生淡褐色水渍状小斑或云纹状的灰白色大斑，最终导致叶鞘腐败、叶片枯死	气温25～30℃、湿度90%是引发玉米纹枯病的重要气候条件。炎热夏季的长雨期通常是玉米纹枯病的高发期
玉米茎腐病	病部组织软烂陷，严重倒折后出现腐臭。干燥条件扩展慢，多成凹陷干腐斑，叶黄穗小易折断，感染雌穗整个腐烂	高温高湿利于发病；均温30℃左右，相对湿度高于70%即可发病；均温34℃，相对湿度80%扩展迅速

5.1.3.1 玉米粗缩病

症状：玉米粗缩病在玉米的整个生育期均可发生。一般植株5～6叶开始显症，典型症状植株矮缩，节间短，成株高度仅为健株的1/4～1/2；叶片宽、短、浓绿、密集，呈对生状（俗称“君子兰苗”），顶部叶片脉间变黄，背面可见叶脉上出现长短不等的蜡白条突起；根系弱，发育不良；轻病株雄穗短小、夹在喇叭口处，果穗短小粒少；重病株无穗绝收。

病原：玉米粗缩病是由水稻黑条矮缩病毒引起，属植物呼肠孤病毒。病毒粒体球形，大小60～75纳米。可侵染水稻、玉米、小麦、谷子、马唐、狗尾草、看麦娘等25种禾本科植物，主要由灰飞虱以持久性方式传播。

发病规律：玉米粗缩病毒主要在禾本科杂草上（冬麦区在冬小麦）越冬，也可在传毒昆虫体内越冬。玉米播种出苗后，由传毒飞虱将病毒从越冬寄主上传到玉米植株上，引起发病。品种间抗病性不同；玉米10叶前为感病期，以后感病少；田边杂草多发病重。

玉米粗缩病

资料来源：Cao X，Lu Y，Di D，Zhang Z，Liu H，et al.，2013. Enhanced Virus Resistance in Transgenic Maize Expressing a dsRNA-Specific Endoribonuclease Gene [J]. *E. coli*. PLoS ONE 8（4）：e60829. doi：10.1371/journal.pone.0060829。

防治方法：

（1）种植耐病玉米品种。种植耐病玉米品种可显著减轻玉米粗缩病的病症和发病率。

（2）选择安全播种期，避开玉米感病叶龄期。种春玉米或麦茬玉米，不种半夏玉米（5月中旬至6月初播种），使玉米感病敏感叶龄与灰飞虱成虫传毒种群高峰期错开。春玉米播种要确保5月下旬灰飞虱大量迁移扩散前可见叶龄达7～10叶以上，夏玉米在一代灰飞虱成虫迁飞以后播种，使玉米苗期错开灰飞虱发生高峰期。

（3）清除杂草，控制毒源，拔除病株，加强田间管理。结合间苗定苗，及时拔除田间病株，带出田外烧毁或深埋。合理施肥浇水，加强田间管理，促进玉米健壮生长，缩短感病期，减少传毒机会，并增强玉米抗耐病能力。

（4）每100千克玉米种子用10%吡虫啉可湿性粉剂125～150克拌种，可有效控制灰飞虱在玉米苗期发生和传毒。

（5）做好越冬寄主上一代灰飞虱防治和迁入到苗期玉米上的灰飞虱防治。麦田灰飞虱发生时，在一代若虫发生盛期用药，将药拌和干细土，在中午前撒入麦田，熏蒸防治。玉米苗期在灰飞虱迁入玉米田初期即应开始防治，亩用50%辛硫磷乳油150毫升，对水40千克喷雾。

5.1.3.2 玉米纹枯病

症状：玉米纹枯病主要发生在生育中后期，以侵染叶鞘为主，也为害叶片、茎秆和果穗。最初在近地面的1～2节叶鞘发病，逐渐向上扩展达到果穗，甚至果穗上部。叶鞘发病初生水渍状，椭圆形至不规则形，中央灰褐色、边缘深褐色的病斑，常多个病斑汇合连片呈云纹状斑块，包围整个叶鞘，使叶鞘腐败，叶片枯死。后期在病部产生白色蛛丝状菌丝体，逐渐集结成白色绒球状的菌丝团，最后变成黑褐色、坚硬的、大小不等的菌核，很易脱落。叶片和果穗上病斑亦呈云纹状。

玉米纹枯病

病原：玉米纹枯病主要由立枯丝核菌引起，有时禾谷丝核菌、玉蜀黍丝核菌也会引起症状。在自然条件下，病原菌主要产生菌丝和菌核。菌丝无色，有直角或锐角分枝，分枝处明显缢缩，离分枝不远处具隔膜。菌核褐色，不规则形，较扁，表面粗糙，大小0.5～6.4毫米×0.5～4毫米。病菌喜高温，发育适温为26～30℃；可侵染玉米、高粱、水稻等多达15科200多种植物。

发病规律：玉米纹枯病主要以菌核在病田土

壤中越冬，也可随病株残体越冬而成为下年初侵染源。第二年病菌遇适合的温湿度条件，萌发侵入玉米叶鞘，并向上扩展。病、健叶鞘和叶片相互接触及雨水反溅是造成田间病害传播的主要途径。一般重茬连作、地势低洼、过度密植、偏施氮肥、晚熟品种发病均重。

防治方法：

（1）清除病原及时深翻消除病残体及菌核。发病初期摘除病叶，并用药剂涂抹叶鞘等发病部位。

（2）选用抗（耐）病的品种或杂交种。实行轮作，合理密植，注意开沟排水，降低田间湿度，结合中耕消灭田间杂草。

（3）药剂防治种子处理，用种子重量0.02%的浸种灵拌种后堆闷24～48小时。

（4）田间喷药，发病初期喷洒1%井冈霉素水剂0.5千克、或20%井岗霉素可溶粉25克，对水200千克，或50%甲基硫菌灵可湿性粉剂500倍液，或50%多菌灵可湿性粉剂600倍液，或50%苯菌灵可湿性粉剂1 500倍液，或50%退菌特可湿性粉剂800～1 000倍液，或40%菌核净可湿性粉剂1 000倍液，或50%农利灵、或50%速克灵可湿性粉剂1 000～2 000倍液。喷药重点为玉米基部，保护叶鞘。

5.1.3.3 玉米茎腐病

症状：由多种病原菌单独或复合侵染造成根系或茎基腐烂的一类病害的总称。多在玉米灌浆期开始发病，乳熟末期至蜡熟期为显症高峰期。全株叶片自下而上表现急性青枯或逐渐黄枯而死；果穗下垂，穗柄柔韧，籽粒秕瘦，松脱；根系发育不良，根毛稀少，抓地力弱而使植株极易拔起；茎基松糠，组织腐烂，维管束呈丝状游离。潮湿条件下在茎节上可见白色或粉红色的霉层及黑色粒状物。

病原：玉米茎腐病以禾谷镰孢菌为主，腐霉菌次之。镰刀菌产生大、小两种分生孢子，大型分生孢子镰刀型，无色透明，两端尖削，微弯，有3～5个隔膜。小型分生孢子卵圆形、长椭圆形，单细胞或双细胞，无色透明。

发病规律：各种病原菌以菌丝、各种孢子在病株残体组织内外、土壤中、种子上越冬，成为翌年的初侵染源。在适宜的温湿度条件下，越冬的病原菌产生孢子，借风雨、灌溉、农事操作或昆虫等传播，从寄主根部的伤口或表皮直接侵入而引起全株发病。玉米生育后期连续阴雨、重阴暴晴，连作年限长、岗地或洼地、土壤贫瘠，过度密植、偏施氮肥、茎秆强度差的品种等均会加重病害的发生。

玉米茎腐病A黄枯型

玉米茎腐病B青枯型（苏前富　摄）

防治方法：

（1）选用抗病品种，选择无病、包衣的种子，如未包衣则种子须用拌种剂或浸种剂灭菌。用种子重量0.4%的6%根保种衣剂拌种：先把药剂加适量水喷在种子上拌匀，再堆闷4～8小时后直接播种。50%多菌灵可湿性粉剂500倍液拌种，堆闷4～8小时后直接播种。或用80%抗菌剂402水剂5 000倍液浸种24小时后，捞出晾干即可播种。

（2）育苗移栽或播种后用药土覆盖，移栽前喷施一次除虫灭菌剂，这是防病的关键。40%拌种双可湿性粉剂或50%福·异菌（灭霉灵）可湿性粉剂、或30%氯溴异氰尿酸（消菌灵）水溶性粉剂或75%百菌清可湿性粉剂1份+克线丹颗粒剂或米乐尔颗粒剂1份+干细土20份，该病严重地区，可在播种前穴施或做播种后的覆盖土或在玉米大喇叭口期点施于心叶。

（3）选用排灌方便的田块，开好排水沟，降低地下水位，达到雨停无积水，大雨过后及时清理沟系，防止湿气滞留，降低田间湿度，这是防病的重要措施。

（4）土壤病菌多或地下害虫严重的田块，在播种前撒施或穴施灭菌杀虫的药土。

（5）施用堆肥或腐熟的有机肥，不用带菌肥料；采用配方施肥技术，适当增施磷钾肥，加强田间管理，培育壮苗，增强植株抗病力，有利于减轻病害。

（6）及时喷施除虫灭菌药，防治好蚜虫、灰飞虱、玉米螟及地下害虫，断绝虫害传毒、传菌途径防止病菌、病毒从害虫伤害的伤口进入而危害植株。

（7）高温干旱时应经常灌水，以提高田间湿度，减轻蚜虫、灰飞虱危害与传毒。严禁连续灌水和大水漫灌。

（8）在明确当地致病菌种类和主要发病规律后，以应用抗病品种为基础，配合药剂处理种子、调整茬口、适期晚播、合理密植、与矮秆作物间作、增施有机肥和硫酸钾肥、及时防治玉米螟等综防措施，可有效控制该病的发生和危害。

（9）发病时喷施喷淋茎基部：50%福·异菌（灭霉灵）可湿性粉剂800倍液、或30%氯溴异氰尿酸（消菌灵）水溶性粉剂1 000倍液。

5.1.4 玉米穗部病害

玉米在生长后期由于病菌导致的雌雄花穗病害将会严重影响作物产量，减产可达

10%以上，因此对雌雄花穗病害防治具有重要意义。目前，经常发生的雌雄花穗病害主要包括玉米黑粉病、玉米丝黑穗病、玉米穗腐病等（表5–5）。

表5–5　玉米穗部主要病害

病害	症状描述	发病条件
黑粉病	为害植株地上部的茎、叶、雌穗、雄穗、腋芽等幼嫩组织。受害组织受病原菌刺激肿大成瘤	雨水多、湿度大气温较热较高的天气发病重
丝黑穗病	为害果穗和雄花序，病株分蘖较多，每个分蘖茎上均形成黑粉，且大部分为顶生，黑粉中有丝状物，外观不呈瘤状	发生在低温冷凉地区，春季气温低是丝黑穗病发生的有利条件
穗腐病	玉米果穗及籽粒均可受玉米穗腐病危害，被害果穗顶部或中部变色，并出现粉红色、蓝绿色、黑灰色、暗褐色或黄褐色霉层	温度在15～28℃，相对湿度在75%以上，有利于病菌的侵染和流行；玉米灌浆成熟阶段遇到连续阴雨天气，发生严重

5.1.4.1　玉米黑粉病

症状：玉米黑粉病在玉米整个生育期都可发生，幼苗、茎节、叶片、雄穗、果穗、气生根等部位受害。病苗茎叶扭曲畸形，矮缩，近地面的茎基产生病瘤，有的病瘤沿幼茎串生；茎节的病瘤大，呈不规则球状；叶片上病瘤多在基部主脉两侧，瘤小而多，常串生；雄穗病瘤呈囊状或牛角形，常数个聚生；果穗发病多在穗顶形成病瘤，多个大病瘤常突破苞叶而外露，下部未受害的籽粒正常结实。各器官上的病瘤初为白色，后变为粉红色或灰黑色，里面充满了黑粉状物，为病菌的冬孢子。

病原：玉米黑粉病由玉蜀黍瘿黑粉菌引起。冬孢子浅褐色，球形或椭圆形。表面有细刺。萌发时先形成有4个细胞的担子，再侧生梭形担孢子。

发病规律：玉米黑粉病的冬孢子在土壤、粪肥、种子表面等越冬。第二年冬孢子遇适宜的温湿度条件萌发产生担孢子和次生担孢子，借风、雨、昆虫等介体传播，从寄主的幼嫩组织表皮或伤口侵入，以菌丝在寄主的细胞间和细胞内生长发育，同时刺激寄主细胞膨大增生而形成病瘤。冬孢子成熟后散出，进行再侵染，使病害在田间扩展。一般硬粒型较马齿型抗病，甜玉米最感病；玉米生育前期干旱，后期多雨或干湿交替，有利于发病；多年连作、玉米螟为害造成伤口多病害重。

防治方法

（1）种植抗病品种，一般耐旱品种较抗病，马齿型玉米比甜玉米抗病；早熟种比晚熟种发病轻。

（2）加强农业防治，早春防治玉米螟等害虫，防止造成伤口；在病瘤破裂前割除深埋；秋季收获后清除田间病残体并深翻土壤。

（3）施用充分腐熟有机肥；注意防旱，防止旱涝不均；抽雄前适时灌溉，勿受旱。

（4）采种田在去雄前割净病瘤，集中深埋，不可随意丢弃在田间，以减少病菌在田间传播。

病害区分：在诊断玉米黑粉病时，要注意与玉米丝黑穗病区别。玉米丝黑穗病只为害果穗和雄花序，而玉米黑粉病则为害玉米的各个部位。两种病害虽然共同都产生大量黑粉，但在玉米丝黑穗病的黑粉中有丝状物，外观不呈瘤状，玉米黑粉病瘤内没有丝状物，受害部位产生肿瘤。

玉米黑粉病

5.1.4.2 玉米丝黑穗病

症状：玉米丝黑穗病主要为害雌穗和雄穗。病果穗较短，基部粗，不吐花丝，整个果穗除苞叶外，变成一个黑粉包，后期苞叶裂开，散出黑粉，黑粉间杂以丝状物；也有的果穗苞叶变狭，簇生畸形，整个果穗呈刺猬状。雄穗被害时，全部或部分雄花变成黑粉团。通常同株的雌、雄穗或各个果穗均受害，表现系统侵染的特征。

病原：玉米丝黑穗病是由丝孢堆黑粉菌引起。冬孢子（黑粉）球形或近球形，黄褐色或紫褐色，表面有刺；冬孢子间混有无色的不孕细胞。病菌发育温度范围13～36℃，在土壤中可存活3年，经过牛、猪等的消化道也有一定的存活率。

发病规律：病菌以冬孢子散落在土壤中、混入粪肥里或沾在种子表面越冬。玉米播种后，病菌的冬孢子也萌发产生担子，经性结合后产生侵染丝而侵入玉米幼芽，从玉米种子萌发至5叶期均可受侵染，以1叶前的幼芽期最易侵染。病菌侵入后，蔓延到生长锥基部的分生组织中，花芽开始分化时，菌丝向上蔓延进入花器引起果穗、雄穗发病。品种间抗病性存在差异；连作年限长积累菌源多发病重；早春低温持续时间长、整地质量差、播种过早、覆土过厚等不利于出苗的条件均会加重病害的发生。

防治方法：

（1）选育和应用抗病品种：选育抗当地主要病害的自交系，尽可能以高抗的自交系为亲本，配制丰产抗病的杂交种。大力推广抗病丰产良种，尽快压缩淘汰感病品种。

（2）拔除病株：一是苗期铲除：根据病苗典型症状，拔除病株是减少菌源的根本措施，于定苗前结合田间管理，及时铲除病苗和可疑苗；二是中期清除：玉米抽穗后黑粉菌孢子尚未成熟散落前，及时割除病穗带出田外深埋，同时将病株就地砍倒放于田间，防效很好。

（3）施用净肥：尽量不用病株病穗做饲料或积肥，如用时要经过充分发酵腐熟，避免粪肥带菌。

（4）种子处理：玉米丝黑穗病主要的传染途径有种子、土壤和肥料。从种子萌芽到5叶期，主要是土壤中的病菌侵染幼芽和幼根，5叶后期，则是肥料等外界因素导致发病。因此，播种时必须提前将种子进行包衣处理，而且选用的种衣剂必须要内吸性强、残效期较长。包衣剂及用法：用有效成分占种子量0.07%的粉锈宁拌种；50%矮健素液剂稀释至200倍浸种12小时，或再加多菌灵、甲基托布津拌种；50%多菌灵可湿性粉剂按种子量的0.3%～0.7%拌种，或50%甲基托布津可湿性粉剂按种子量的0.5%～0.7%拌种；也可用五氯硝基苯处理土壤，用高巧、立克莠进行拌种。

玉米丝黑穗病

5.1.4.3 玉米穗腐病

症状：果穗及籽粒均可受害，被害果穗顶部或中部变色，并出现粉红色、蓝绿色、黑灰色或暗褐色、黄褐色霉层，即病原的菌丝体、分生孢子梗和分生孢子。病粒无光泽，不饱满，质脆，内部空虚，常被交织的菌丝所充塞。果穗病部苞叶常被密集的菌丝贯穿，黏结在一起贴于果穗上不易剥离。仓贮玉米受害后，粮堆内外则长出疏密不等、各种颜色的菌丝和分生孢子，并散出发霉的气味。

病原：镰刀菌、枝孢菌、草酸青霉、粉红聚端孢等真菌引起。

发生规律：病菌以菌丝体在种子、病残体上越冬，为初侵染病原。病原主要从伤口侵入，分生孢子借风雨传播。温度在15～28℃，相对湿度在75%以上，有利于病原的侵染和流行。高温多雨以及玉米虫害发生偏重的年份，穗腐和粒腐病也较重发生。玉米粒没有晒干，入库时含水量偏高以及贮藏期仓库密封不严，库内湿度升高，也利于各种霉菌腐生蔓延，引起玉米粒腐烂或发霉。

防治方法：

（1）选用抗病品种，根据当地气候，因地制宜选用，做到不断更换新品种，不断扩大抗病品种的种植面积。在玉米穗粒腐病、大斑病、小斑病、丝黑穗病混合发生地区，可选用近年新选育的优良杂交种。

（2）加强田间管理，于玉米拔节或孕穗期增施钾肥或氮、磷、钾肥配合施用，增强抗病力。

（3）适当调节播种期，尽可能使该病发生的高峰期，即玉米孕穗至抽穗期，不要与雨季相遇。

（4）发病后注意开沟排水，防止湿气滞留，可减轻受害程度。

（5）必要时往穗部喷洒50%甲基硫菌灵可湿性粉剂600倍液，或50%多菌灵悬浮剂700～800倍液，或50%苯菌灵可湿性粉剂1 500倍液，或40%农利灵可湿性粉剂1 000倍液。视病情防治1次或2次。在干旱缺水地区可选用40%多菌灵可湿性粉剂200克制成药土在玉米大喇叭口期点心叶，防治玉米穗腐病，可防效80%左右，同时可混入杀螟丹粉剂等杀虫剂兼防螟虫。

玉米穗腐病

5.1.5 其他环境因素引起的生理病变

5.1.5.1 玉米空秆

玉米通常都结1～2个穗，一般一个穗的居多，但在生产过程中，常出现空秆，影响产量提高，先天不育型空秆又称“公玉米”，产生的原因是种子内在问题。如种子生理机制衰退、新陈代谢失调、输导组织受障碍，导致茎秆中的养分不能输送给果穗，幼穗腋芽因缺乏营养物质而不发育，但雄穗正常。不稳穗型空秆是指植株上有幼穗雏型，但不抽花丝，不结籽粒。其原因主要有：一是土壤瘠薄，养分不能满足玉米生育所需，生殖器官不能形成；二是密度过大，群体郁蔽，光合作用受到抑制，光合生产率低，个体瘦弱，影响雌穗发育；三是机械损伤或病虫害的影响。高温、高湿持续时间长，诱发病害种类多，面积广，为害重，也会加重空秆的形成；四是品种选择失误，不能适应或不能完全适应当地的条件，影响了穗分化，从而导致空秆；五是气候因素。①干旱。生长期间6月份干旱造成了小苗率高，其营养生长和生殖生长受到严重抑制，株矮秆细，难以正常结穗，空秆率增高。②高温。玉米抽雄、吐丝前后5天，温度过高易降低花粉生活力，影响授粉结实，空秆率高。③多雨、低光照。7、8月份在春玉米抽雄、吐丝期间出现的多雨连阴天气是影响玉米授粉、导致空秆的一个重要原因。

玉米空秆

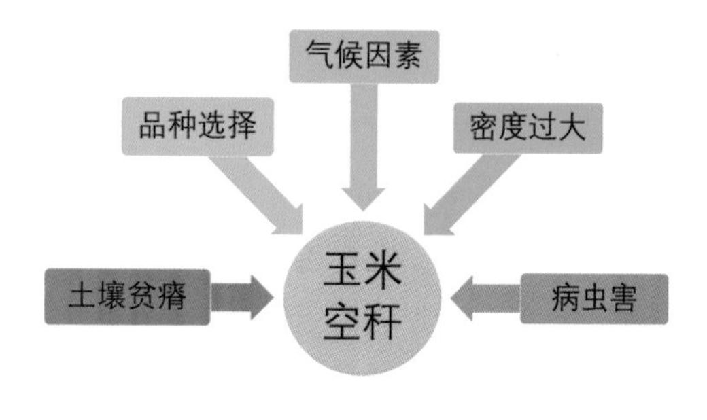

造成玉米空秆的原因

防治方法：

（1）在玉米品种选育或引种上，应重视和加强品种适应性研究，选用适合当地的综合性状好的品种。

（2）提倡施用堆肥或有机肥，加强两茬秸秆还田，逐步提高地力。要求保证底肥和苗期施肥，小苗率高的田块要施偏肥，千方百计减少小苗，防止形成空秆。

（3）合理轮作，重视整地和播种质量。做到适期播种，密度适当，并注意防治地下害虫和蚜虫等。

（4）巧追幼穗分化肥，重追攻穗肥。如春玉米的中晚熟品种，在适期早播条件下，于拔节期13～14片叶时已进入雌穗坐胎期，此期是决定穗胎大小和籽粒行数、每行粒数的关键时期，因此在抽穗前5～7天重施攻穗肥，是实现穗大粒饱、力争双穗灭空秆的根本措施之一。

（5）喷洒玉米壮丰灵（吉林市农科所）在高肥密植中晚熟高产玉米的雌穗小花分化期，即玉米抽雄穗之前3～5天或已有千分之几的雄穗刚要露出且尚未露出时，用玉米壮丰灵27毫升，对清水20千克喷1次，可使株高、棒位降低、节间缩短，同时改善通风透光条件，防止倒伏，促进雌花发育，提高双棒率，避免秃头现象，有效防止了空秆和贪青。

5.1.5.2 玉米涝害

地势低洼或大量降雨，致土壤含水量过多，是为害玉米生长发育和降低产量的一种自然灾害。北方玉米栽培区常发生在7—8月份。玉米受害后，表现为叶色褪绿，植株基部呈紫红色并出现枯黄叶，造成生长缓慢或停滞，严重的全株枯死。

一次大量降雨，农田受淹积水或长期阴雨导致土壤含水量饱和，过多的水分排挤掉土壤空隙内的空气，造成土壤缺氧而产生一系列不良后果：一是根系得不到生命活动必需的氧气，因此不能进行正常代谢。二是好气性微生物活动受抑制，造成土壤中有机质不能正常分解为速效养分，使土壤中原有的硝态氮一部分被淋溶掉，同时经反硝化作用还原为游离氮逸入大气，因而降低了土壤中速效氮的数量。三是在土壤缺氧时，利于嫌气性微生物的活动，产生的甲烷、氨气、硫化氢、硫化亚铁等对根系有毒害作用。涝害对玉米的影响因品种、生育期、环境条件及水淹持续时间不同而异。一般杂交种优于常规品种，常规品种又优于自交系。玉米一生中，种子吸水膨胀和主胚根开始萌动时最不耐涝，这时淹水4天，绝大部分种子不再发芽。出苗至拔节是第二个敏感期，此间受淹的幼苗生长迟缓，叶色变黄，生育期明显延迟。拔节后耐淹能力增强，进入乳熟期又不耐涝。温度明显影响涝害程度，高温使氧气在水中溶解度降低，且可加速根系的呼吸作用，从而加剧了需氧和缺氧的矛盾。

防治方法：

（1）选用地势较高排水性能好的地块种植玉米。

（2）在多雨易涝地区，搞好田间排水系统，在低洼地区提倡修筑台田或采用起垄栽培方法。

（3）增施基肥可提高玉米抗涝能力。

（4）发生涝害时，要组织人力、物力，千方百计排水，有条件的马上中耕松土并追施速效氮肥，促玉米尽快恢复生长。

（5）在易发生涝害的地区，要注意选用耐涝的玉米品种。

玉米涝害

5.1.5.3 玉米倒伏

玉米在生长发育过程中，突然遇到大风暴雨或台风的袭击，而出现倒伏。倒伏有3

种情况：一是玉米品种特性，一般株高30～40厘米之前生长正常，而后发生倒伏，表现出匍匐生长的习性；二是拔节后倒伏，但自身有恢复能力；三是抽穗时倒伏，植株常相互挤压，很难自然恢复直立状态。

除遗传因素外，生产上遇有降水多、地软而引起根倒伏。茎倒伏和茎折断的情况不多。倒伏后新根仍在不断增加，根系重新扎深长牢。此外，密度过大或施用氮肥过多，遇暴风雨等外力作用，也可把玉米刮倒。

防治方法：

（1）选用抗倒伏的玉米品种。

（2）玉米倒伏后最好在2～3天内组织劳力突击扶起来，如拖延时间，玉米长出新根时再扶必然拉断根系，打乱为增加光合作用而重新调整建立的叶片层次，影响光合作用及输导养分的正常进行。因此，要抓紧时间抢扶，一旦拖延则不必再扶。

（3）边扶边培土、边追速效性肥料。最好两人一组从倒伏相反方向开始，抓住玉米植株较上部位轻轻拉起。两行株的，3～4株绑在一起。制种田一般栽植密度大，可5～6株绑在一起。不要先拉压在下面的植株，防止茎秆折断。扶正以后及时培土，尽量保护叶片完整。在此基础上进行追肥，使玉米生长发育尽快转入正常。

（4）施用惠满丰（高美施），每亩100毫升，对水稀释150～200倍液喷叶1～2次，也可用促丰宝Ⅱ型活性液肥600～800倍液或活力素100毫升，增产效果明显。

（5）喷洒玉米壮丰灵。用壮丰灵27毫升，对水20千克，在玉米抽雄前3～5天喷一次，可增强抗倒能力。

（6）实施保护性耕作（秸秆还田免耕）。免耕几年后犁底层消失，有利于玉米根系下扎，常规垄作土壤容重1.1～1.2克/立方厘米，而保护性耕作初期土壤容重在1.3～1.5克/立方厘米之间，土壤看似变硬了，但起到了固土的作用，保护性耕作多年后，土壤会变得疏松，容重会降下来。

玉米倒伏（左图为传统耕作、右图为保护性耕作）

5.1.5.4 玉米高温障碍

玉米幼株的上部叶片卷起，并呈暗色。成株在氮肥充足情况下也表现为矮化、细弱，叶丛变为黄绿色，严重时叶片边缘或叶尖变黄，随后下部叶片的叶尖端或叶缘干枯。在疏松沙土上幼苗干枯而死，当播种在湿土层，但第一节在干土上时，幼胚易腐烂，发生苗枯，干旱严重时，植株矮化并形成不规则褐色至黄色斑点。玉米苗期、生长期遇有较长时间缺雨，造成大气和土壤干旱或灌溉设施跟不上，不能在干旱或土壤缺水时满足玉米生长发育的需要而造成旱灾。

防治方法：

（1）培育选用抗旱品种。有条件的提倡用生物钾肥拌种，每亩用500克，对水25毫升化开后与玉米种子拌匀，稍加阴干后播种，能明显增强抗旱、抗倒伏能力。也可用禾欣液肥拌种，播前每亩用禾欣液肥50毫升，对水500毫升稀释后拌种，提高抗旱、抗寒、抗病能力。

（2）灌水降温适时灌水可改善田间小气候，降低株间温度1～2℃，增加相对湿度，有效地削弱高温对作物的直接伤害。

（3）根外喷肥用尿素、磷酸二氢钾水溶液及过磷酸钙、草木灰过滤浸出液于玉米破口期、抽穗期、灌浆期连续进行多次喷雾，增加植株穗部水分，能够降温增湿，同时可给叶片提供必须的水分及养分，提高籽粒饱满度。

（4）实施保护性耕作（秸秆还田免耕）。实施保护性耕作可以显著提高土壤持水能力，显著增加土壤蓄水容量和抗旱保墒能力，显著促进作物生长和根系穿透下扎、有利于水分下渗。

玉米抗旱（左图为传统耕作、右图为保护性耕作）

植物体内的碳水化合物含量减少，全氮量相对增加。生产上因玉米品种、发育阶段、环境因子等条件不同，药害程度不同。会造成叶部枯死、变色、畸形等。辛硫磷在玉米体内的分布及部位不同，对药剂的敏感性也不同，苗期根区施药作用尤为明显。

防治方法：

（1）采用配方施肥技术，适时适量施用，不宜过量。

（2）使用除草剂时严格选择品种和掌握用量，避免浓度过高，不宜在喇叭口直接喷洒。

（3）在玉米田不要用敌百虫等敏感杀虫剂，施用辛硫磷防治地下害虫时严格掌握用量。

（4）发现浓度过高应马上浇水。

（5）发生药害后，要加强管理。

5.2 常见虫害发生特点及防治方法

玉米虫害是影响其产量和质量的重要因素，玉米虫害种类较多，比较常见的有玉米螟、黏虫、叶螨等（表5–6）。

表5–6　玉米田主要虫害

名称	为害部位	特　点
玉米螟	全株	玉米螟主要以幼虫蛀茎为害，破坏茎秆组织，影响养分运输，使植株受损，严重时茎秆遇风折断
蚜虫	叶片	为害时分泌大量蜜露，影响光合作用和授粉，被害严重的果穗瘦小，籽粒不饱满，秃尖较长，影响正常灌浆，导致秕粒增多，粒重下降，造成严重减产
黏虫	叶片	以幼虫暴食玉米叶片，严重发生时，短期内吃光叶片，造成减产甚至绝收。为害症状主要以幼虫咬食叶片
叶螨	叶片	聚集在叶背处开始吸取叶片汁液，在背面和正面都看到针尖大小的红点，且其能够不断移动，最终造成整个叶片不断失绿、变黄、干枯
白星花金龟	果穗	成虫食性杂，常群聚在玉米的雌穗上，从穗轴顶端花丝处开始，逐渐钻进苞叶内，取食正在灌浆的籽粒
金针虫	根系	可咬断刚出土的幼苗，也可钻入已长大的幼苗根里取食为害，还能钻蛀咬食种子及块根，蛀成孔洞
蛴螬	根系	取食萌发的种子，咬断幼苗的根、茎，断口整齐平截，轻则缺苗断垄，重则毁种绝收
蝼蛄	根系	将表土层窜成许多隧道，使苗根脱离土壤，致使幼苗因失水而枯死，严重时造成缺苗断垄
地老虎	根系	常造成作物的严重缺苗断条，且以地势低洼、地下水位较高的地块为害严重

5.2.1 玉米螟

玉米螟又称玉米钻心虫，是玉米的主要虫害，属于鳞翅目、螟蛾科，可为害玉米植株地上的各个部位，使受害部分丧失功能，降低籽粒产量。

为害特征：初孵心叶内取食，喇叭期呈现出不规则的孔洞或排孔；孕穗期蛀入雄穗柄和雌穗以上的茎秆。雌穗膨大时，幼虫花丝内为害，或蛀入雌穗着生节及其附近茎节。

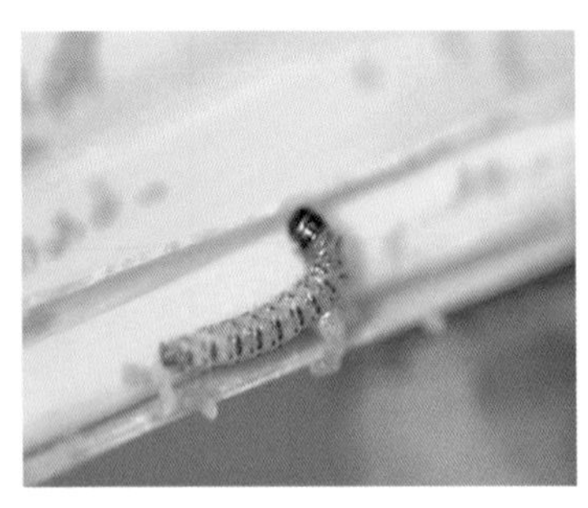

玉米螟幼虫及心叶期为害症状

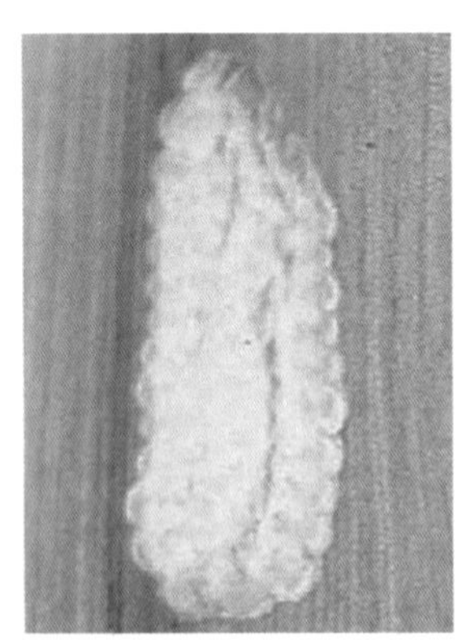

玉米螟卵和被赤眼蜂寄生的玉米螟卵块

防治方法：

（1）生物防治：玉米螟的天敌种类很多，主要有寄生卵赤眼蜂、黑卵蜂，寄生幼虫的寄生蝇、白僵菌、细菌、病毒等。捕食性天敌有瓢虫、步行虫、草蜻蛉等，都对虫口有一定的抑制作用。

（2）物理防治：根据玉米螟成虫的趋光性，设置黑光灯可诱杀大量成虫。在越冬代成虫发生期，用诱芯剂量为20微克的亚洲玉米螟性诱剂，在田内按照15个/公顷设置水盆诱捕器，可诱杀大量雄虫，显著减轻第一代的防治压力。

（3）化学防治：在卵孵化盛期至幼虫二龄之间可采用苏云杆菌、颗粒体病毒、多角体病毒等生物农药进行防治。还可采用昆虫生长调节剂，抑制昆虫几丁质的合成等安全杀虫剂都可达良好的效果。卵孵化盛期至幼虫三龄前，可采用下列杀虫剂进行防治：10%溴氰虫酰胺可分散油悬浮剂4 000～6 000倍液，或2%高氯·甲维盐微乳剂1 000～1 500倍液，或10.5%甲维·氟铃脲水分散粒剂1 500～3 000倍液。

5.2.2 黏虫

黏虫属鳞翅目，夜蛾科，也叫行军虫、剃枝虫、五色虫，是跨区域迁飞的重大害虫，一旦达到3龄，食量会暴增，为害极大，防治不及时，会造成严重减产甚至绝收。

为害特征：玉米黏虫以幼虫暴食玉米叶片，严重发生时，短期内吃光叶片，造成减产甚至绝收。为害症状主要以幼虫咬食叶片。1～2龄幼虫取食叶片造成孔洞，3龄以上幼虫为害叶片后呈现不规则的缺刻，暴食时，可吃光叶片。大发生时将玉米叶片吃光，只剩叶脉，造成严重减产，甚至绝收。当一块田玉米被吃光，幼虫常成群列纵队迁到另一块田为害，故又名“行军虫”。一般地势低、玉米植株高矮不齐、杂草丛生的田块受害重。

防治方法：

（1）化学防治：主要是掌握好施药时间。因为黏虫幼虫的虫龄越大，它的抗药性越强，据研究5、6龄幼虫的抗药力比2、3龄幼虫的抗药力高10倍。因此要抓住幼虫的低龄期防治，才能取得比较好的防治效果。做到早发现，早防治，尽量把玉米黏虫防治在3龄以前。防治时间一般选择早晚幼虫取食的高发时间；喷药部位尽量施药在玉米心叶。

（2）毒饵诱杀：亩用90%敌百虫100克对适量水，拌在1.5千克炒香的麸皮上制成毒饵，于傍晚时分顺着玉米行撒施，进行诱杀。

（3）叶面喷雾：用4.5%高效氯氰菊酯乳油40毫升/亩或48%毒死蜱50毫升/亩全田喷雾。

（4）撒施毒土：亩用40%辛硫磷乳油75～100克适量加水，拌砂土40～50千克扬撒于玉米心叶内，既可保护天敌，又可兼防玉米螟。

黏虫幼虫和成虫的形态特征及为害症状

5.2.3 蚜虫

蚜虫是一种玉米后期发病害虫，可以在玉米整个生育期为害。玉米苗期群集在心叶内，刺吸液汁为害。随着植株的生长集中在新生的叶片为害。孕穗期多密集在剑叶内和叶梢上为害。边吸取汁液，边排泄大量蜜露。

防治方法：

（1）用玉米种子重量0.1%的10%吡虫啉可湿粉剂浸拌种，播后25天防治苗期蚜虫、蓟马、飞虱效果优异。

（2）玉米进入拔节期，发现中心蚜株可喷撒0.5%乐果粉剂或40%乐果乳油1 500倍液。当有蚜株率达30%～40%，出现“起油株”（指蜜露）时应进行全田普治，一是撒施乐果毒砂，每亩用40%乐果乳油50克对水500升稀释后喷在20千克细砂土上，边喷边拌，然后把拌匀的毒砂均匀地撒在植株上。

（3）用辛硫磷灌心。在玉米大喇叭口末期，每亩用3%辛硫磷颗粒剂1.5千克，均匀地灌入玉米心内，若怕灌不均匀，可在辛硫磷中掺入2～3千克细砂混匀后进行。此外还可选用40.64%加保扶水悬剂800倍液或10%吡虫啉可湿性粉剂2 000倍液、10%赛波凯乳油2 500倍液、2.5%保得乳油2 000～3 000倍液、20%康福多浓可溶剂3 000～4 000倍液。

玉米蚜虫

5.2.4 叶螨

叶螨又称玉米红蜘蛛，属蛛形纲、蜱螨目、叶螨科。俗称大蜘蛛、大龙、砂龙等。玉米叶螨种类很多，主要有二斑叶螨、朱砂叶螨和截形叶螨。具有较高的发生频率，容易形成暴发性，单株能够寄生几百到几千只不等，严重时甚至达到上万只，导致玉米植株大面积发生枯死，空穗率明显提高，就算是结实的植株，籽粒偏小，明显减产，不但影响产量品质，且为害过的玉米茎叶不能作饲草。

为害特点：成螨、若螨聚集在玉米植株叶背处开始吸取叶片汁液，从而能够在叶背面和正面都看到针尖大小的红点，且其能够不断移动，最终造成整个叶片不断失绿、变黄、干枯。同时，在叶片表面上覆盖有不同大小的絮状物、网状物，导致植株的光合作用受到影响，造成玉米出现早衰、倒伏、干枯，田地病害，严重时甚至出现绝收。

防治方法：

（1）生物防治：选育抗虫品种，增加玉米本身抗性，是应对红蜘蛛虫害最直接有效的方法之一。天敌，如：七星瓢虫和十三星瓢虫，人工饲养繁殖瓢虫等方式培养益虫，根据田间虫情释放适当量的虫，将红蜘蛛控制在经济损害允许水平之下。选用生物试剂，茵篙素、苦参碱、碱、苦械素、苦皮藤素等不会伤害天敌的环保型生物试剂。

（2）物理防治：由于玉米叶螨对蓝色、黄色具有趋向性，在叶螨侵入的农田初期到盛发期，将适量的45厘米×27厘米大小涂上黄色和蓝色的木板或者纸板插置在玉米行间，并包上透明塑料膜后再涂上黄油，对玉米叶螨进行诱杀。在玉米生长前期，由于叶螨主要集中为害植株基部的1～5片叶，可在该病发生初期及时将这些叶片剪去，并放在袋内统一处理。

（3）化学防治：适时进行防治，选择适宜农药，且做到及时、均匀喷洒药物，交替使用不同药物，特别是叶片背面必须喷洒。对于早播玉米，一般适宜在每年的6月中、下旬喷洒药物，而晚播玉米则可适当延后，一般是在玉米植株下部叶片形成黄白色斑点时立即进行防治，如果为同时杀灭蚜虫等害虫，可混合使用杀螨剂和杀虫剂。如可选择使用57%奥美特乳油1 500～2 000倍液、甲氰噻螨酮乳油1 000～1 500倍液、5%辉丰唑螨酯悬浮剂1 000～2 000倍液、2%天达阿维菌素3 000倍液、99%绿颖100～200倍液和甲氰噻螨酮乳油1 000～1 500倍液、1.8%阳帆3 000～4 000倍液以及1.8%害极灭乳油3 000倍液对全株进行喷雾。确保药液充足，喷洒要全面，保证上下叶片以及叶背面都喷洒到药物。

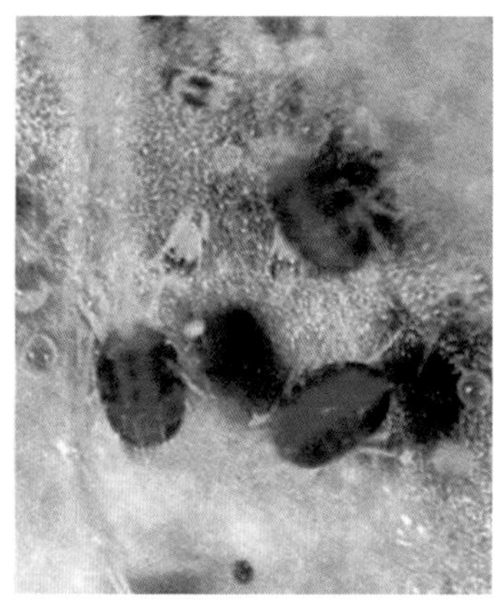

朱砂叶螨及其在玉米上的危害

5.2.5 白星花金龟

白星花金龟成虫严重为害玉米果穗，取食花丝、花粉、籽粒。

为害特点：金龟子幼虫主要以腐殖质为食。成虫食性杂，常群聚在玉米的雌穗上，从穗轴顶端花丝处开始，逐渐钻进苞叶内，取食正在灌浆的籽粒。尤以苞叶短的品种，穗顶端的幼嫩籽粒暴露在外，为害更为严重，并且白星花金龟还排出白色粥状粪便，其为害不仅会造成严重的果穗秃尖，而且严重影响了鲜食玉米的食用品质和商品品质。

防治方法：

（1）农业防治：优化田边环境，及时将田边、地头的生活垃圾、农作物秸秆、树叶、烂柴草等清理并深埋，减少成虫产卵和幼虫生存场所。认真管理好农家肥，将厩肥、人粪尿等农家肥及时入田或与其他有机质集中堆起进一步沤制，充分高温发酵腐熟，在这一过程中注意捡拾白星花金龟幼虫和蛹，并留下幼虫较多的10～15厘米厚的底层，人工重点捡拾，杀灭幼虫。

（2）物理防治：在6—8月成虫发生盛期，将白酒、红糖、食醋、水、90%敌百虫晶体按1∶3∶6∶9∶1的比例在盆里拌匀，配制成糖醋液，在腐烂有机质较多的场所或玉米田边设置诱捕器诱杀成虫，诱捕器高度应与玉米雌穗高度大致相同。

（3）化学防治：由于白星花金龟虫体大、鞘翅硬、飞翔能力强，一般化学喷雾防治效果不理想。但可采取幼虫和成虫分别治理的方法，在沤制厩肥、圈肥时，可浇入辛硫磷配成的药水，大量杀死粪肥中的幼虫和卵，降低虫口基数。成虫羽化盛期前用3%辛硫磷颗粒剂或3%氯唑磷颗粒剂，均匀地撒于地表，杀死蛹及幼虫，在玉米灌浆初期，可用0.36%苦参碱水剂1 000倍液、2.5%高效氯氟可以兼治其他地下害虫。氰菊酯乳油和4.5%高效氯氰菊酯乳油1 500～2 000倍液，在玉米雌穗顶部滴药液，防治白星花金龟成虫，还可兼治棉铃虫、玉米螟等其他蛀穗害虫。

白星花金龟成虫和幼虫

5.2.6 地下害虫

地下害虫指的是栖息在土壤中，为害植物地下部分、种子、幼苗或近土表主茎的一类害虫。种类多、分布广、食性杂、为害重。近年来发生危害的地下害虫主要有蛴螬、金针虫、地老虎等。地下害虫发生种类因地而异，一般以旱作地区普遍发生，尤以蛴螬、金针虫、地老虎最为重要。作物等受害后轻者萎蔫，生长迟缓，重的干枯而死，造成缺苗断垄，以致减产。地下害虫防治指标见表5-7。

表5-7 地下害虫防治指标

发生程度	受害率	防治指标		
		蛴螬	金针虫	小地老虎
轻发生	＜5%	＜1	＜3	＜0.5
中等发生	5%～10%	1～3	3～5	0.5～2
严重发生	＞10%	＞3	＞5	＞2

5.2.6.1 蛴螬

蛴螬又叫白土蚕、核桃虫，成虫叫金龟甲或金龟子，主要为害玉米的是大黑鳃金龟、暗黑鳃金龟、铜绿丽金。蛴螬类食性颇杂，可以为害多种农作物，取食萌发的种子，咬断幼苗的根、茎，断口整齐平截，轻则缺苗断垄，重则毁种绝收。

（1）形态特征。成虫：大黑鳃金龟体长为16～21毫米，体宽为8～11毫米，黑色或黑褐色，具光泽。鞘翅每侧具4条明显的纵肋。前足胫节外齿3个，内方有距1根；中足和后足胫节末端具端距2根。臀节外露，背板向腹部下方包卷。前臀节腹板中间，雄性为一明显的三角形凹坑，雌性为枣红色菱形隆起骨片。

卵：长椭圆形，长约2.5毫米，宽约1.5毫米，白色稍带黄绿色光泽；孵化前近圆球形，洁白而有光泽。

幼虫：3龄幼虫体长为35～45毫米，头宽为4.9～5.3毫米，头部黄褐色，胴部乳白色。头部前顶刚毛每侧3根。肛腹板后部覆毛区散生钩状刚毛70～80根；无刺毛列，肛门孔三裂。

蛹：体长为21～23毫米，体宽为11～12毫米。初期白色，随着发育逐渐变为红褐色。

（2）为害症状。主要危害玉米幼苗的种子、根、地下茎，咬断处断口平截。成虫喜食大豆和林木的嫩芽等。

（3）发生规律。成虫在土中越冬，一般2年发生1代，越冬成虫在春季出土活动，6月上旬至7月上旬是产卵盛期，当年幼虫绝大部分在秋季潜入耕作层深处越冬。次年6月初化蛹，7—8月羽化。以幼虫越冬为主的年份次年春播作物受害重；以成虫越冬为主的年份，次年夏秋作物受害重。

（4）防治技术。①物理防治：利用金龟甲的趋光性进行灯光诱杀；利用金龟甲假死性，震动树干并将假死坠地的成虫杀死。②化学防治：种子包衣处理：噻菌灵+精甲霜灵+咯菌腈+噻虫嗪（满益佳+锐胜）100毫升+200毫升/100千克种子包衣播种前两天包衣，每公顷种子所需药剂兑水2～4两*，包衣后室内阴干。

大黑鳃金龟成虫幼虫形态特征及植株危害状

5.2.6.2 金针虫

金针虫（沟金针虫）俗称节节虫、铁丝虫、铜丝虫等，是叩头甲幼虫的通称。

（1）形态特征。成虫：体长为14～18毫米，体宽为3.5～5毫米，扁长形，深黑色，密被金黄色细毛。头部扁平，密布刻点。雌虫触角11节，略呈锯齿状；前胸背板宽大于长；鞘翅长约为前胸的4倍，纵沟不明显，后翅退化。雄虫触角12节，丝状，与体长相当；鞘翅长约为前胸的5倍，纵沟明显，后翅发达。

卵：卵长约0.7毫米，宽约0.6毫米，椭圆形，乳白色。

幼虫：老熟幼虫体长为20～30毫米，体宽约4毫米，金黄色，宽而扁平。体节宽大于长，胸背至第10腹节背面中央有条细纵沟。尾节两侧缘隆起，具3对锯齿状突起，尾端分叉，并稍向上弯曲，各叉内侧均有1个小齿。

蛹：蛹纺锤形，长为15～20毫米，宽为3.5～4.5毫米；前胸背板隆起呈半圆形，尾端自中间裂开，有刺状突起。化蛹初期体淡绿色，后渐变深色。

（2）为害症状。幼虫蛀食地下块茎或块根，引起腐烂。被害部位呈丝状。成虫取食少量的作物嫩叶。

（3）发生规律。3年完成1代。以成虫和幼虫在15～40厘米土中越冬。

（4）防治。50%辛硫磷种子处理或堆草诱杀，在草堆下撒布5%乐果粉少许。种

* 1两＝50克。

子包衣处理：噻菌灵+精甲霜灵+咯菌腈+噻虫嗪（满益佳+锐胜）100毫升+200毫升/100千克种子包衣播种前两天包衣，每公顷种子所需药剂对水2～4两，包衣后室内阴干。

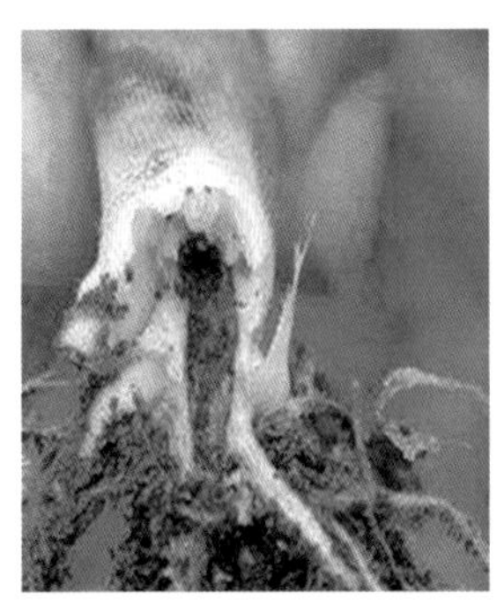

沟金针虫形态特征和为害症状

5.2.6.3 地老虎（小地老虎）

（1）形态特征。成虫：体长16～23毫米，翅展42～54毫米。前翅肾形斑外侧有一个明显的尖端向外的楔形黑斑，在亚缘线上有2个尖端向内的黑褐色楔形斑。

卵：馒头形，直径0.61毫米，高0.5毫米左右，表面有纵横相交的隆线。

幼虫：老熟幼虫体长37～47毫米，黄褐色且体表粗糙，腹部1～8节，背面各有4个毛片，后2个比前2个大1倍以上。腹末臀板黄褐色，有两条深褐色纵纹。

蛹：体长18～24毫米，红褐色或暗红褐色。腹部第4～7节基部有2刻点，背面的大而色深，腹末具臀棘1对。

（2）为害症状。低龄幼虫取食子叶造成孔洞或缺刻，老龄幼虫晚上出土取食植物近地表部分的嫩茎。

（3）发生规律。成虫为远距离迁飞性害虫，昼伏夜出，白天潜伏于土缝中和杂草丛中，具有趋光性和趋化性。幼虫6龄，有假死性，4～6龄表现出明显的负趋光性，晚上出来活动取食。

（4）防治技术。2龄始盛期至高峰期，在地面上进行药剂防治：①撒施毒土。用50%辛硫磷乳油（4.50千克/公顷）拌细砂土（749.63千克/公顷），在作物根旁开沟撒施药土，并随即覆土，以防小地老虎为害植株。②药剂灌根。可用50%辛硫磷（3.0～4.5千克/公顷）对水6 000～7 500千克灌根。

5.2.6.4 蝼蛄

蝼蛄（东方蝼蛄），俗称拉拉蛄、土狗子。

（1）形态特征。成虫：体长为39～66毫米，黄褐色，近圆桶形。前翅仅达腹部的1/2。前足腿节下缘呈平直。

卵：椭圆形，长1.6毫米，宽1.4毫米，乳白色至黄褐色。

若虫：与成虫形态相近，5～6龄后体色与成虫相似。

（2）为害症状。喜食刚发芽的种子、幼苗的根茎，被害部位呈丝状或乱麻状。

（3）发生规律。3年左右完成1代。一年中有5个发生阶段：休眠越冬阶段，春季苏醒阶段，出窝迁移阶段，猖獗为害阶段，休眠越夏阶段，秋季为害阶段。

（4）防治。①农家肥必须腐熟后深施，防止招引蝼蛄产卵；②化肥深施以发挥熏蒸蝼蛄作用；③毒饵诱杀：稀释后的辛硫磷乳油等与炒香的麦麸等饵料混合（1∶100），田间顺垄施撒。④种子包衣处理：噻菌灵+精甲霜灵+咯菌腈+噻虫嗪（满益佳+锐胜）100毫升+200毫升/100千克种子包衣播种前两天包衣，每公顷种子所需药剂对水2～4两，包衣后室内阴干。

5.3 常见草害发生特点及防治方法

玉米为禾本科玉蜀黍属一年生草本植物，是我国重要的粮食作物和饲料作物，南北各地都在广泛种植。但是在玉米的种植过程中，除草是非常关键的，玉米在我国栽植面积广泛，玉米地常见的杂草种类也繁多，对作物苗期的为害最大，可造成玉米植株矮小、秆细叶黄等严重影响玉米产量，减产幅度可达35%左右。因此，做好玉米田间杂草的防治，是保证作物稳产高产的关键。

5.3.1 玉米田常见杂草

玉米田常见杂草有30多种，如稗草、马唐、莠草、狗尾草、虎尾草、牛筋草、野稷、芦苇等禾本科杂草，香附子、碎米莎草等莎草科杂草，以及苍耳、小飞蓬、刺儿菜、大刺儿菜、苦苣菜、苘麻、马齿苋、龙葵、酸模叶蓼、藜、铁苋菜、反枝苋、凹头苋、打碗花、鸭跖草、葎草、鹅肠菜、车前等阔叶杂草。

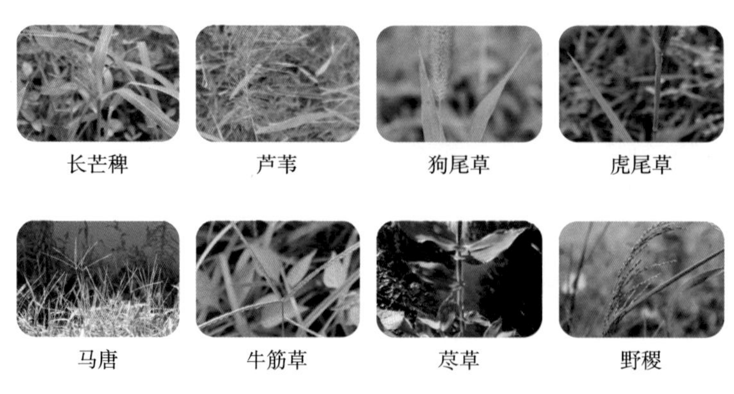

玉米田常见禾本科杂草

玉米田常见阔叶类杂草

5.3.2 玉米田除草剂分类

使用除草剂对杂草进行治理，一方面要杀死杂草，另一方面又必须避免对同田作物甚至后茬作物造成损害，这就对除草剂的科学使用提出了很高的要求。玉米田除草剂按处理方式分为三类：

（1）封闭除草剂——苗前土壤处理；

（2）茎叶处理剂——苗后茎叶处理；

（3）苗前苗后通用型——兼备土壤封闭及茎叶处理（表5-8）。

玉米除草剂按照化学成分分为以下五大类：

（1）酰胺类除草剂：该类产品是目前玉米田最为重要的一类除草剂，可以被杂草芽吸收，在杂草发芽前进行土壤封闭处理，能有效防治一年生禾本科杂草和部分一年生阔叶杂草。该类除草剂品种较多，如乙草胺、甲草胺、丁草胺、异丙甲草胺、异丙草胺等。

表5-8　玉米田除草剂按处理方式分类

作用	类型	分类
封闭除草剂	常规单剂产品	乙草胺、莠去津、甲草胺、异丙草胺、异丙甲草胺、丁草胺、二甲戊灵
	合剂产品	乙·莠、异丙草·莠、甲·乙·莠、乙·二·莠、异丙·二·莠、乙·二、乙·二·扑、乙·二·嗪等
茎叶处理剂	选择性	烟嘧磺隆、砜嘧磺隆、噻吩磺隆、磺草酮、硝磺草酮、二甲四氯、2,4-滴丁酯、莠去津、辛酰溴苯腈、苯唑草酮、二氯吡啶酸、唑草酮
苗前苗后通用型	合剂（封杀双效）	烟莠、烟嘧磺隆+砜嘧磺隆+莠去津、烟嘧磺隆+异丙草胺/乙草胺+莠去津、硝磺草酮+异丙草胺/乙草胺+莠去津、烟嘧磺隆+氯氟吡氧乙酸+莠去津、硝磺草酮+氯氟吡氧乙酸+莠去津、硝磺草酮+烟嘧磺隆+莠去津等

（2）三氮苯类除草剂：可以有效防治一年生阔叶杂草和一年生禾本科杂草，以杂草根系吸收为主，也可以被杂草茎叶少量吸收。代表品种有莠去津、氰草津、西玛津、扑草津等，其中以莠去津使用较多，对玉米较为安全，活性最高；但莠去津宜与乙草胺等混用以降低用量，提高除草效果及对后茬作物的安全性。

（3）苯氧羧酸类除草剂：主要用于玉米苗后防治阔叶杂草和香附子。代表品种有二甲四氯钠盐、2,4-D丁酯。其中二甲四氯钠盐广泛用于玉米田防治香附子，但使用时期不当易产生药害。

（4）磺酰脲类除草剂：烟嘧磺隆、砜嘧磺隆可以用于玉米田防治禾本科杂草、莎草科杂草和部分阔叶杂草；噻黄隆可以用于玉米田防治一年生阔叶杂草。

5.3.3 玉米田恶性杂草的防治策略

（1）鸭跖草。

①灭草松：在玉米4～6叶期使用48%灭草松AS 100～200毫升/亩，茎叶处理。

②氯氟吡氧乙酸+灭草松。

③氯氟吡氧乙酸+唑草酮。

④哈利（70.5%2甲·唑酮WDG）：在玉米田5叶期后每亩60克。

（2）苘麻。可选药剂有：唑嘧磺草胺、砜嘧磺隆、噻吩磺隆、嗪草酮、丙炔氟草胺、硝磺草酮、氯吡嘧磺隆、甲酰胺磺隆、氟嘧磺隆、氯氟吡氧乙酸。

（3）田旋花。可选药剂有：灭草松、氯氟吡氧乙酸、2,4-滴异辛酯、二甲四氯。

（4）木贼。可选药剂有：2,4-滴异辛酯、麦草畏、百草敌、草甘膦、氟嘧磺隆、唑嘧磺草胺。

（5）苣荬菜、刺儿菜、大刺儿菜（大蓟）。可选药剂有：灭草松、2,4-滴异辛酯、氟嘧磺隆。

（6）香附子。施药时应重点喷施到香附子茎叶上，尽量少喷施到玉米上。施药时应严格施药适期，宜在玉米5～7叶期，以5～6叶期最佳，不宜过早和过晚，否则易于发生药害；施药温度过高（32℃以上），对玉米也易发生药害。

①二甲四氯：可以用56%二甲四氯钠盐SP 75～100克/亩，对水30千克/亩，对香附子进行茎叶喷施。

②灭草松：在玉米4～6叶期使用48%灭草松AS 100～200毫升/亩，茎叶处理。

5.4 保护性耕作病虫草害综合防控技术

综合病虫害、杂草管理的简称，考虑到所有可利用的防治技术（耕作种防治、物理防治、生物防治、化学防治）的经济性，采取的抑制病虫害、杂草发生的技术。通过综合防控技术，可以减轻对人类的健康风险和对环境的负荷，同时发挥生态系统对原有害虫和杂草的抑制功能（表5-9）。

表5-9 玉米病虫草防治历

生育阶段	防治对象	防治要点	主要事项	田间管理要点
种子处理	地下害虫、蓟马、灰飞虱、蚜虫、预防粗缩病	精选种子、种子包衣	必须进行包衣	保证全苗
苗期阶段播种至拔节期	粗缩病、矮化叶病、瘤黑粉病、丝黑穗病	没有拌种的及时喷药补防	定苗拔出病株，苗弱的田块及时追肥	促进根系发育、培育壮苗，达到苗早、苗足、苗齐、苗壮的“四苗”要求，为玉米高产打好基础
	地下害虫、黏虫、蓟马、蚜虫、灰飞虱	发现后及时喷药	喷施烟嘧磺隆等除草剂的田块，最好间隔一周再喷	
	马唐、牛筋草、狗尾草、稗草、藜、马齿苋、田旋花等	播种后出苗前土壤封闭杂草2～4叶期每亩用4烟嘧磺隆+莠去津	烟嘧磺隆有时会对玉米叶片产生轻度灼伤，5～7天后即可恢复，不影响玉米生长	
穗期阶段至抽雄期	瘤黑粉病、茎腐病、粗缩病、褐斑病	前期没打药的这一次不能少	在抽雄期前后适时灌溉，避免受旱	促进中上部叶片增大，茎秆敦实的丰产长相，以达到穗多、穗大为目的
	玉米螟、蚜虫、叶螨	前期没打药的这一次不能少	越早越好，不要错过最佳时间	
	马唐、牛筋草、狗尾草、稗草、藜、马齿苋、田旋花等	8叶期后除草剂定向喷雾	戴防护罩，药液不要喷到玉米叶片	

（续）

生育阶段	防治对象	防治要点	主要事项	田间管理要点
花粒期阶段抽雄期至成熟期	瘤黑粉病、小斑病、大斑病、丝黑穗病、穗腐病、锈病	根据病情及时喷药	一次药没用的最后一次施药机会不要错过，越早越好	保护叶片不损伤、不早衰、争取粒多、粒重，达到丰产目标
	玉米螟、棉铃虫、黏虫、蚜虫、叶螨	根据病情及时喷药	一次药没用的最后一次施药机会不要错过，越早越好	

5.4.1 主要病虫防治技术措施

（1）玉米螟：秸秆粉碎还田，减少虫源基数；越冬代成虫羽化期使用杀虫灯结合性诱剂诱杀；成虫产卵初期释放赤眼蜂灭卵；心叶末期喷洒苏云金杆菌、白僵菌等生物农药，或选用四氯虫酰胺、氯虫苯甲酰胺、高效氯氟氰菊酯、甲氨基阿维菌素苯甲酸盐等杀虫剂喷施。

（2）棉铃虫：产卵初期释放螟黄赤眼蜂灭卵，或卵孵化盛期选用苏云金杆菌制剂、甲氨基阿维菌素苯甲酸盐、氯虫苯甲酰胺等喷雾防治。

（3）黏虫：成虫发生期，集中连片使用杀虫灯，傍晚至次日凌晨开灯。及时清除田边杂草，幼虫3龄之前施药防治，可选用甲氨基阿维菌素苯甲酸盐、氯虫苯甲酰胺、高效氯氟氰菊酯等药剂。

（4）地下害虫及蓟马、蚜虫、灰飞虱、甜菜夜蛾、黏虫、棉铃虫等苗期害虫：利用含有噻虫嗪、吡虫啉、氯虫苯甲酰胺、溴氰虫酰胺和丁硫克百威等成分的种衣剂进行种子包衣。

（5）玉米叶斑类病害：选用抗病品种，合理密植，科学施肥。在玉米心叶末期，选用苯醚甲环唑、烯唑醇、吡唑醚菌酯等杀菌剂喷施，视发病情况隔7至10天再喷一次，褐斑病重发区在玉米8至10叶期用药防治。

（6）双斑长跗萤叶甲：在玉米吐丝授粉期，花丝上平均单穗超过5头时就要进行防治，选用吡虫啉、噻虫嗪、高效氯氟氰菊酯、氯氰菊酯杀虫剂喷施，直接将药液喷在果穗花丝上。喷药时间选在上午10时前和下午5时后。

（7）玉米纹枯病：选用抗耐病品种，合理密植。发病初期剥除茎基部发病叶鞘，喷施生物农药井冈霉素A，或选用菌核净、烯唑醇、代森锰锌等杀菌剂喷施，视发病情况隔7至10天再喷一次。

（8）蚜虫：在蚜虫常年发生重的地区，利用噻虫嗪种衣剂包衣，对后期玉米蚜虫具有很好的控制作用；玉米抽雄期，蚜虫盛发初期喷施噻虫嗪、吡虫啉、吡蚜酮等药剂。

（9）叶螨：播种至出苗前，清除田边地头杂草。点片发生时，选用哒螨灵、噻螨酮、克螨特、阿维菌素等喷雾，重点喷洒田块周边玉米中下部叶背及地头杂草。

（10）根腐病、丝黑穗病和茎腐病等：选用抗病品种，选用咯菌腈·精甲霜、苯醚甲环唑、吡唑醚菌酯或戊唑醇等成分的种衣剂进行种子包衣。

（11）二点委夜蛾：播前灭茬或清茬，清除玉米播种沟上的覆盖物；或在播种机上配置清垄器，播种时直接清除播种沟上的覆盖物；利用含有丁硫克百威、溴氰虫酰胺等药剂成分的种衣剂种子包衣。应急防治可选用氯虫苯甲酰胺、甲氨基阿维菌素苯甲酸盐等，可采用喷雾、毒饵诱杀或撒毒土等方式。

5.4.2 专业化统防统治技术

（1）秸秆处理、灭茬技术。采取秸秆综合利用、粉碎还田、播前灭茬，压低病虫源基数。

（2）成虫诱杀技术。在害虫成虫羽化期，使用杀虫灯诱杀，对玉米螟越冬代成虫可结合性诱剂诱杀。

（3）种子处理技术。根据地下害虫、土传病害和苗期病虫害种类，选择适宜的种衣剂实施种子统一包衣。

（4）苗期害虫防治技术。根据苗期二代黏虫、蓟马、灰飞虱、甜菜夜蛾、棉铃虫的发生情况，选用适宜的杀虫剂喷雾防治。使用烟嘧磺隆除草剂的地块，避免使用有机磷农药，以免发生药害。

（5）中后期病虫防治技术。心叶末期，统一喷洒苏云金杆菌、白僵菌等生物制剂防治玉米螟幼虫；根据中后期叶斑病、穗腐病、玉米螟、棉铃虫、蚜虫和双斑长跗萤叶甲等病虫的发生情况，合理混配杀虫剂和杀菌剂，控制后期病虫为害。推广使用高秆作物喷雾机和航化作业，提升中后期防控作业能力。

（6）赤眼蜂防虫技术。在玉米螟、棉铃虫、桃蛀螟等害虫产卵初期至卵盛期，选用当地优势蜂种，每亩放蜂1.5万～2万头，每亩设置3～5个释放点，分两次统一释放。

参考文献

李洪连，等，2011．玉米高粱谷子病虫草害原色图谱[M]．北京：中国农业科学技术出版社．

孙艳梅，李莉，陈殿元，等，2007．吉林玉米有害生物原色图谱[M]．长春：吉林科学技术出版社．

张玉聚，等，2011．中国植保技术原色图解[M]．北京：中国农业科学技术出版社．

第

6 保护性耕作机械化技术

章

机械化作业是实现秸秆覆盖免耕播种保护性耕作的重要手段，包括：收获与秸秆根茬处理、秸秆归行、条耕、免耕播种、病虫草害防治、秋季深松、苗期深松等。本章重点介绍：秸秆大量（部分或少量）覆盖还田条件下不同技术模式的机械化作业流程、作业要求以及配套机具简介。

6.1 保护性耕作机械化技术模式

6.1.1 秸秆大量覆盖还田免（少）耕播种

6.1.1.1 秸秆大量覆盖还田免耕播种技术模式

（1）均匀行平作，行间免耕播种。

1）作业流程。机械收获+秸秆粉碎大量覆盖→秋季深松→免耕播种→病虫草害防治。

2）作业要求。

①机械收获秸秆粉碎覆盖还田。秸秆切碎长度≤10厘米，合格率应≥85%，均匀抛洒；如果进行高留茬粉碎还田：保留根茬高度≥25厘米，秸秆切碎长度≤10厘米，合格率应≥85%，均匀抛洒。

②免耕播种施肥。在不耕作土壤的前提下，直接采用高性能免耕播种机进行免耕播种作业，采取均匀行方式种植。技术要点：春播前不进行任何整地作业（深松除外）；当5～10厘米耕层地温稳定在10℃以上，土壤含水率在18%左右适宜播种；播种作业要求种子播深3～4厘米，化肥深施8～12厘米，种肥隔离距离达到7～12厘米以上，做到不漏播、不重播、播深一致，覆土良好，镇压严实。

③病虫草害防治。药剂及配方选择和使用应在专业人员指导下进行，做到适时喷

施、“对症下药”、避免药害。

草害防治建议进行苗后除草，施药时期宜在玉米苗3～5叶时，晴天喷施除草剂，防止过早或过晚喷施除草剂。应做到不重喷、不漏喷。

④秋季深松。土壤20厘米深绝对含水率应在12%～22%范围内适宜深松作业。以秋季深松为宜，深松应及时镇压，防治失墒。根据土壤容重情况，一般隔1～2年深松一次，深度一般应≥25厘米，无漏耕和重耕现象。作业后应达到田面无较大土块、无明显隆起和沟壑。

3）配套机具。

①收获机。根据作业地块面积大小和承担作业任务多少，此模式对单数行数和双数行数机型没有限制，选择2行、3行、4行、5行、6行、7行等机型；根据收获方式的不同，可选择收穗机型和收籽粒机型；收穗机型一次作业完成摘穗、扒皮、集装、秸秆粉碎、秸秆抛散等工序；收籽粒机型一次作业完成摘穗、脱粒、集装、秸秆粉碎、秸秆抛散等工序。

②免耕播种机。选择经过省级以上专业部门认定的免耕播种机，土壤作业部件为滚动式、装配气力式或指夹式排种机构。根据作业地块面积大小和承担作业任务多少，此模式对单数行数和双数行数机型没有限制，可选择2行、3行、4行、5行、6行、7行、8行等机型；一次作业完成秸秆切断与清理、侧深施化肥和口肥浅施、种床疏松和整理、播种开沟和单粒下种、挤压式覆土和重镇压、现场作业效果监控和数据远程无线传输等工序。

③喷雾机。喷雾机应符合相关标准要求。根据作业地块面积大小和承担作业任务多少选择不同喷幅机型；根据不同配套动力和不同作业时期要求，可选择背负、自走式高杆喷药机或无人机飞防作业。

④秋季深松机。深松作业机具分为三大类，一类是凿铲式，这类机型深松铲形状如凿形，入土角度大，入土好，作业阻力稍大，有的为了增加带动层，还增加了固定翼铲；二类是偏柱铲式，偏柱铲带有曲面，单铲带动层宽，松土效果好；三类是国标铲式，这类机型深松铲铲尖形状如牙齿，入土角度小，作业阻力也小，铲柄下部安装有活动翼铲；深松机要求带有碎土镇压装置；保护性耕作地块秸秆量大，机架要有足够的离地高度，以防止作业拖堆拥堵。

根据作业地块面积大小和承担作业多少，有3铲、4铲、5铲、6铲、7铲等机型；作业时完成松土、碎土、镇压等工序。

（2）垄作均匀垄，原垄上免耕播种。

1）作业流程。苗期进行中耕培垄，可与追肥同时进行。

其他作业环节与均匀行平作，行间免耕播种相同。

2）作业要求。玉米苗至拔节期，进行中耕培垄作业。作业时防止损伤玉米茎叶及根系。

其他作业环节与均匀行平作免耕播种作业相同。

3）配套机具。

①免耕播种机。选择拖拉机轮距与垄距相匹配的2行、3行、4行、5行、7行等机型，其他与均匀行平作免耕播种相同。

②中耕培垄机。选择带有分土板的常规中耕（追肥）机，为提高作业质量，最好采用加装秸秆切断装置的机型。

其他配套机具与均匀行平作免耕播种相同。

6.1.1.2 秸秆大量覆盖还田归行免耕播种技术模式

（1）平作宽窄行，播种带免耕播种。

1）作业流程。机械收获+秸秆粉碎大量覆盖→秸秆归行+免耕播种→病虫草害防治→苗期深松。

2）作业要求。

①秸秆归行。秸秆归行的作用是将秸秆从播种带清理到非播种带，为播种创造条件。对于高留茬秸秆覆盖还田的地块，归行前要进行根茬秸秆粉碎处理。秸秆归行有两种形式：一是选择后置秸秆归行机对苗带上的秸秆进行归行作业。二是选择安装在拖拉机前面的前置秸秆归行机，在秸秆归行的同时进行免耕播种作业。

秋季收获后到封冻前进行作业；春季建议归行和播种作业同时进行，或者播种前3～5天进行归行作业。宽窄行种植方式，宽行为休闲带，窄行为播种带，宽行70～80厘米，窄行约40厘米。秸秆条带覆盖，归行整齐、紧密，保证播种带间距一致。

②苗期深松。深松时间应在玉米大喇叭口期前，在宽行深松，深松深度20～25厘米。深松机应带有碎土镇压装置，可采用深松追肥机，深松与追肥作业同时进行。

其他作业环节作业要求与均匀行免耕播种相同。

3）配套机具。

①免耕播种机。选择双数行数机型，一般选择2行机型比较适用。

②搂草归行机。归行机有前置式和后置式两种。一般四盘、六盘。平作可以选择前置式归行机，实现拖拉机前置归行后面牵引免耕播种同时作业，也可以选择拖拉机悬挂后置归行机单独秸秆归行作业。

③苗期深松机。适宜地区苗期宽行深松，一般选择国标铲式，国标铲式深松铲形状如牙齿，入土角度小，作业阻力也小，铲柄下部安装有活动翼铲；偏柱铲带有曲面，带动层宽，松土效果好；深松机要带有碎土镇压装置，保护性耕作地块秸秆量大，要求机架有足够的离地高度，以防止作业拖堆拥堵。

根据作业地块面积大小和承担作业多少，苗期深松一般选择2铲、4铲机型；作业时完成松土、碎土、镇压等工序。

其他作业环节配套机具与均匀行平作免耕播种相同。

6.1.1.3 秸秆大量覆盖还田少耕播种技术模式

（1）平作均匀行条耕。

1）作业流程。A.机械收获+秸秆粉碎大量覆盖还田→条带少耕整地→苗带播种→病虫草害防治；B.机械收获+秸秆粉碎大量覆盖还田→条带少耕整地+苗带播种→病虫草害防治[①]。

2）作业要求。

①条耕整地。在玉米秸秆大量还田覆盖地表条件下，作业流程A：秋季或春季进行均匀行条耕整地作业；作业流程B：采用条带旋耕播种机一次完成播种带旋耕和播种施肥作业。

条耕均匀行作业，要求秸秆粉碎长度、留茬高度要符合作业不拖堆要求，如机收时收获机没有配带秸秆还田装置，秸秆过长，条耕作业前应采用秸秆还田机进行秸秆粉碎作业。秸秆量过大，行距应大于65厘米。

秋季或春季作业，使用条耕机清理播种带，疏松苗带土壤，播种带动土宽度不大于行距50%，确保播种带基本无秸秆，均匀行播种，少耕整地同时压实苗带土壤。使用条带旋耕播种机旋耕深度10厘米左右。

②播种施肥。对苗带少耕整地后的地块，可采用免耕播种机或精量播种机进行播种施肥作业；如采用苗带旋耕播种机一次完成苗带浅旋少耕整地、施肥、播种、覆土、镇压等作业。其他要求与均匀行平作免耕播种相同。

3）配套机具。

①条耕机。尽可能选择与播种行数相对应的均匀行条耕机，作业一次完成秸秆切断清理、深松、碎土合墒、压实等工序。行距应不少于60厘米。为确保播种作业准确播在条耕带上，最好配置自动导航（辅助）系统作业。

②条带旋耕播种机。条带旋耕播种机作业时因为震动较大，应该选择具有高性能播种单体及排种机构的机型，以确保播种质量。

其他作业环节配套机具与均匀行免耕播种相同。

（2）平作宽窄行条旋。

1）作业流程。A.机械收获+秸秆粉碎大量覆盖还田→苗带浅旋少耕整地→宽窄行播种→病虫草害防治。B.机械收获+秸秆粉碎大量覆盖还田→前置归行+苗带浅旋少耕整地+宽窄行播种→病虫草害防治。

2）作业要求。

①苗带旋耕整地。秋季或春季，使用具有秸秆归行功能的条旋机浅旋种植带，条旋动土深度10厘米左右，宽度60厘米左右（一般与当地行距相同），条旋整地同时压实苗带。秸秆量过大时，为防止秸秆旋入苗带土中影响出苗，苗带旋耕应进行一次秸秆归行作业，建议配置前置归行机同时作业。

---

① A为条耕、播种分段作业；B为条耕、播种复式作业。

②宽窄行播种施肥。采取宽窄行少耕播种种植方式，宽行为休闲带，窄行为播种带，宽行70～80厘米，窄行约40厘米。

对苗带条旋整地后的地块，可采用免耕播种机或精量播种机进行播种施肥作业。也可采用耕播一体机一次完成秸秆归行、苗带浅旋少耕整地、施肥、播种、覆土、镇压等作业。其他要求与均匀行平作免耕播种相同。

3）配套机具。

①条旋机。应具有秸秆归行、深松、旋耕、压草、镇压功能的条旋机，最好安装自动驾驶（辅助）系统进行作业。条旋机与播种机作业行数应相匹配，每条旋耕带播种两行。

②免耕播种机。根据条旋作业具体情况和配套动力轮距，选择2行、4行、6行机型。

③条带旋耕播种机。条带旋耕播种机作业时因为震动较大，应选择具有高性能排种机构的机型，确保播种质量。

其他作业环节配套机具与均匀行平作免耕播种相同。

（3）垄上浅灭茬，原垄免耕播种，苗期中耕培垄。

1）作业流程。收获时秸秆粉碎覆盖→垄上浅灭茬→免耕播种→苗期中耕培垄→病虫草害防治。

2）作业要求。

①垄上浅灭茬。秋季或春季作业，使用灭茬机清理垄上根茬，灭茬深度5厘米，垄上无秸秆，秸秆覆盖在垄沟。

②免耕播种。对垄上浅灭茬后的地块，采用免耕播种机垄上免耕播种作业，其他要求与均匀行平作免耕播种相同。

③中耕培土。玉米苗至拔节期，进行中耕培垄作业。作业时防止损伤玉米茎叶及根系。也可采用条带旋耕播种机，一次完成垄上旋耕灭茬播种作业。

其他环节作业要求与均匀行平作免耕播种相同。

3）配套机具。

①灭茬机。可选用不同幅宽的灭茬机。

②中耕机。与垄作均匀垄免耕播种相同。

其他作业环节配套机具与均匀行平作免耕播种相同。

6.1.2 秸秆部分覆盖还田免（少）耕播种技术

在秸秆部分或少量覆盖还田条件下，不需要秸秆归行作业。因此，除秸秆归行机外，其他技术模式及相应的作业流程、作业要求、配套机具参照上述秸秆大量覆盖还田免（少）耕播种要求进行。

秸秆打包部分离田作业应坚持“多覆盖”原则，尽可能在打包作业后，能将更多秸秆留在田中。推荐下列做法：

（1）秸秆打包作业前不进行搂趟作业，确保打包机只进地1次作业。

（2）尽可能选择捡拾器为弹齿式而非锤爪式秸秆打包机作业。作业时适当调整加大捡拾器离地间隙。

（3）秸秆打包作业尽可能减少对土壤的碾压，春季表土解冻后禁止作业。

6.2 保护性耕作配套机具简介（部分机具）

6.2.1 搂草（秸秆）归行机

（1）结构与性能。一般由牵引或悬挂架、主梁架、旋转齿盘、角度调整板、压簧等组成。收获作业后将粉碎的秸秆集行，清理出播种带，秸秆呈条带覆盖在休闲带。

拖拉机悬挂作业；拖拉机轮子行走在相邻的窄行中，旋转搂草耙中间的两个旋转齿盘行走在两窄行侧的宽行中，两侧的旋转齿盘行走在两窄行外侧靠近窄行一侧；在行驶中，旋转齿盘上的弹齿将秸秆清理集中到窄行中。

搂草归行作业效果

（2）调整与使用。调整方法：将中间的两个旋转齿盘前后错开安装，不留间隔；两侧的两个旋转齿盘分别与中间两个旋转齿盘间隔30～40厘米，间隔距离保证秸秆搂到相应的窄行里，待播的播种带秸秆清理干净。

使用方法：秋季收获后到封冻前进行作业；春季建议归行和播种作业同时进行，或者播种前3～5天进行归行作业。如果作业过早，春季大风天气多，会造成归行作业失败。

60厘米行距时，作业后播种带宽度为70厘米，秸秆归行整齐、紧密，保证播种带间距一致；风大时不宜作业；60厘米及以下行距，必要时搂两遍；搂草归行作业要直，避免影响免耕播种。匀速搂草归行，保证作业质量。

调整后的旋转搂草耙

（3）机具选用。根据作业地块面积大小和承担作业任务多少选择2盘、4盘、6盘、8盘机型；归行机有前置式和后置式两种。选择前置式归行机，可以实现前归行后免耕播种同时作业。

根据不同作业时段和作业方式选择不同机型。如干旱半干旱需要保水的地区在春季与播种同时进行归行的，选择前置式机型；如湿润半湿润需要降墒增温的地区在秋季或播种前单独归行作业的，使用后置机型。

四盘前置式归行机

四盘后置归行机

6.2.2 条耕机

（1）结构与性能。条耕机由机架、深松部件、秸秆分理联动机构、碎土盘、覆土圆盘、镇压碎土机构组成。作业时一次完成秸秆清理、深松、碎土、压实等工序。

用于对玉米均匀行种植带土壤的疏松。

（2）调整与使用。条耕幅宽调整：调整秸秆分理机构碎土覆土机构。

条耕深度调整：调整入土部件的角度增加压强调仿形。

60马力* 以上拖拉机可配套2行条耕机；90马力以上拖拉机可配套4行条耕机；130马力以上拖拉机可配套6行条耕机。

四行条耕机

* 1马力≈735瓦特。

条耕作业适合在行距60厘米以上条件下作业；秸秆粉碎长度、留茬高度符合要求，秸秆均匀分布；为防止堵塞，在秸秆量过大的情况下，种植行距应加大；作业机组最好加装自动导航（辅助）系统。

（3）机具选用。选择与播种行数相一致的均匀行条耕机，最好导航作业。如用4行条耕机进行条耕作业，就要用相对应的4行免耕播种机进行播种作业。

6.2.3 条旋机

（1）结构与性能。保护性耕作条带旋耕整地机具，是在秸秆分离处理后仅对播种带进行表层土壤浅旋少耕整地作业的机械，简称条旋机。

由秸秆归行装置、悬挂支架、深松铲、万向节传动轴、传动箱体、条带浅旋部件、限深轮、挡土板、镇压辊等组成。作业时一次完成秸秆归行、松土、条带浅旋、碎土、镇压、秸秆压埋等工序。

（2）调整与使用。条旋机的使用操作要匀速作业，不可过快；根据土壤条件情况选配足够的动力，条旋作业时最好配合浅松；条旋机作业，在秸秆量较大时应进行一次归行作业。

条旋机前后、左右要调平，保证浅旋后覆土深度均匀；调整后面的镇压辊，种床表土压实保墒；调整覆土板的压力和角度，飞溅出来一部分土壤盖在秸秆边缘。

秋季收获后到封冻前进行作业；春季土壤解冻15厘米以上，采用条旋机进行作业，建议顶浆条旋或条旋、播种同时进行。采用顶浆条旋作业，土壤能够随着化冻吸收地下的水分，逐渐沉实，有利于保墒；条旋、播种同时进行，减少水分流失，有利于出苗。

（3）机具选用。条旋机要满足动土面积低于50%要求；条旋宽度一般为60～65厘米，与当地行距一致。条旋深度为10厘米左右，保证条带间距均匀。

根据作业地块面积大小和承担作业任务多少，选择单条条旋机、双条条旋机等机型。

6.2.4 免耕播种机

免耕播种是保护性耕作的关键环节，免耕播种机性能好坏决定了保护性耕作技术推广的成败。

保护性耕作要求免耕播种机在有全部秸秆覆盖的条件下，达到农艺要求，免耕播种机一次进地完成秸秆切断与清理、侧深施化肥、苗带松土、种床整形、播种开沟、单粒播种、施口肥、覆土、重镇压、现场作业效果监控和数据远程无线传输等功能。

（1）结构与性能。

①主梁支架：由牵引梁、主梁、副梁、边板支架组成。有的产品主梁、牵引梁、边板是焊合铆接固定在一起，结构稳定，也有的是卡接在一起。

免耕播种机主梁支架结构

②牵引液压机构：由油路快速接头、液压油管、主油缸、副油缸、油缸支架、油缸放油排气螺丝、油缸固定销轴等组成。

免耕播种机牵引液压机构

③传动机构：由地轮支架、地轮、侧传动齿轮机构、传动链条、防护链盒、上置式传动轮、传动轴承座、传动方轴、传动张紧轮等组成。

免耕播种机地轮机构

免耕播种机侧传动齿轮机构

④排肥机构：由肥箱、肥箱支架、微调机构、侧传动齿轮机构、传动链条、张紧轮、外置排肥器或绞龙排肥器、溢肥装置、放肥口、排肥软管、排肥下管、施肥开沟圆盘、施肥开沟圆盘轴承座、施肥开沟圆盘支臂、施肥圆盘固定座、圆盘角度调整螺丝、清土橡胶轮或挤土刀等组成。

免耕播种机肥箱及肥箱支架

免耕播种机施肥开沟圆盘机构

⑤秸秆清理机构：波纹松土圆盘、拔草轮、拔草轮轴承座、拔草轮支架、拔草轮高度调整花盘、拔草轮配重等组成。

免耕播种机拔草轮机构

免耕播种机拔草轮及配置

⑥播种开沟机构：仿形轮、播种开沟圆盘总成、刮土刀、导种管、清杂块、挡土舌、单体架、进口指夹式排种器总成、种箱、传动离合装置等组成。

免耕播种机播种开沟机构

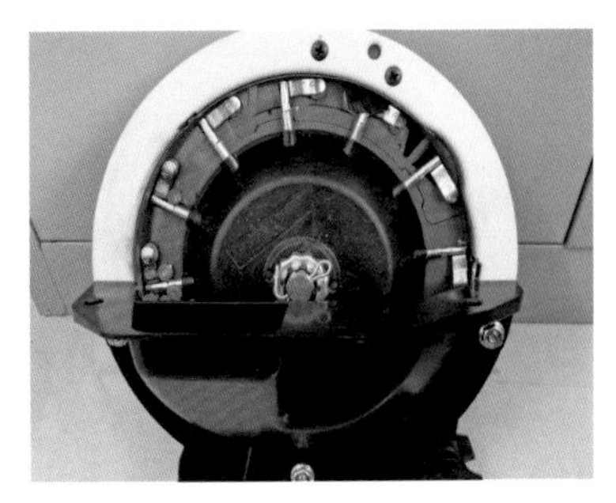
指夹式排种器

⑦播种深度调整机构：由播种深度调整手柄、播种深度调整齿牙、仿形轮支臂、仿形轮调整螺丝、播种深度调整限位块、刮土板、单体支架等组成。

⑧平行四连杆仿形机构：由平行四连杆组件、前联结板、紧固螺丝、耐磨小套、限位块、种箱支架、四连杆拉簧、挂簧杆、调节挂耳等组成。

⑨镇压机构：由V字形对置镇压轮总成、镇压轮支架、拉力调节手柄、镇压轮角度调节手柄、拉簧、角度调整垫片等组成。

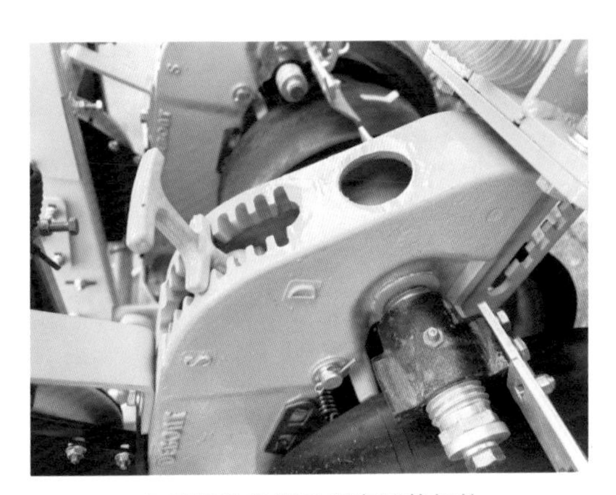
免耕播种机播种深度调整机构

免耕播种机平行四连杆仿形机构

免耕播种机镇压机构

⑩播种监控机构：由播种监视器主机、主电源线、导种管监测连线、闪灯、警报器、定位天线、数据传输组件、口肥电机连接线、防水罩等组成。

免耕播种机播种监控机构

（2）调整与使用。免耕播种机的调整：在确保机具停止作业状态和拖拉机熄火保证人员安全下进行，并在每一次调整后进行试播，符合农艺种植要求后方可正常播种作业。

①主梁、机架平衡的调整。牵引点不可过高或过低，一般离地30厘米，保证机具刀盘入土后牵引梁、主梁前后左右与地表相平，播种单体四连杆水平。

②施肥深度的调整。橡胶清土轮大直径开沟圆盘式施肥深度的调整：调整施肥开沟圆盘后面的压簧，压簧压力越大，施肥深度越深；压簧压力越小，施肥深度越浅。缺口施肥开沟圆盘挤土刀式施肥深度的调整：松开副梁施肥圆盘支臂固定座上的顶丝，上下窜动施肥圆盘支臂，调整施肥深浅。

③施肥角度的调整。橡胶清土轮大直径开沟圆盘式施肥角度的调整：调整施肥开沟圆盘总成上的圆盘角度调整螺丝，调整施肥开沟圆盘开沟和下肥角度。缺口施肥开沟圆盘挤土刀式施肥角度的调整：调整副梁施肥圆盘支臂固定座上的圆盘角度调整顶丝，调整施肥开沟圆盘开沟和下肥角度。

④播种深度的调整。免耕未动土地块：播种深度调整手柄，前浅后深，调整控制播种开沟圆盘开沟深度，决定播种深度。

旋耕地块：免耕播种机两侧液压油缸各加5厘米厚垫块；调整四连杆上拉簧位置，减少拉力，或者对称卸掉两个播种单体四连杆拉簧，减少播种单体对地压力；同时播种深度调整手柄，前浅后深，调整控制播种开沟圆盘开沟深度，决定播种深度。

浅旋地块：免耕播种机两侧液压油缸各加5厘米厚垫块或调整四连杆上拉簧位置，减少播种单体对地压力；同时播种深度调整手柄，前浅后深，调整控制播种开沟圆盘开沟深度，决定播种深度。

⑤秸秆清理效果的调整。升起机具，拖拉机熄火并稳固机具，向上抬起拔草轮总成，调整拔草轮凸轮花盘的限位孔，调整拔草轮高度，调整清理秸秆的效果。

⑥镇压强度和角度的调整。调整镇压轮拉力调节手柄，向前拉镇压力小，向后拉镇

压力大，不同的卡位，不同的镇压强度，根据土壤条件和气候特点调整。调整镇压轮角度调节手柄或增减镇压轮角度调整垫片来调整镇压轮的角度。

⑦口肥量大小的调整。调整口肥底座丝杠伸出长度，调整口肥盒槽轮下肥量。调整播种监控器或口肥控制器口肥电机转速档位，调整口肥下肥量。调整口肥底座挡肥插板。

⑧指夹式排种器大小粒的调整。用T字形螺丝刀调整指夹式排种器后面的大小粒调整孔，数字1方向为最大粒，依次至5为最小粒，根据筛选后的玉米种子粒大小进行调整，避免调整不当，粒大的被清掉，漏播缺苗。特殊玉米品种种子大粒过多，且不规则，建议由专业人员拆开指夹式排种器加专用垫片。

⑨施肥量的调整。一般免耕播种机施肥量的调整都在机具正前方右侧侧传动齿轮组进行调整，贴有施肥量调整参考表，更换不同的齿轮，改变传动比，可以实现不同的参考施肥量。化肥品种不一，流动性不一致，调整后试播作业根据情况进一步调整。有的免耕播种机型肥箱下面设有排肥量微调功能，可以方便快捷配合使用。

⑩播种株距调整。根据玉米品种公顷保苗株数要求，结合实际播种行距，测算株距距离。免耕播种机正前方左侧侧传动齿轮组进行调整，贴有播种株距调整参考表，更换不同的齿轮，改变传动比，可以实现不同的播种株距。各地块土壤条件不同，免耕播种机作业速度不一，传动打滑率不同，株距参考表数据与实际播种株距会有差距，调整后试播作业根据情况进一步调整。

⑪种肥隔离距离的调整。种肥隔离距离，根据土壤条件、地块墒情以及品种要求施肥量大小，决定种子与底肥的距离。免耕播种机要求种肥隔离距离7厘米以上，避免种肥距离近，烧种。土壤水分大，施肥量大，种肥隔离距离远一些，一般不超过15厘米。需要在试播作业时测量作业后机具各行地表实际种肥隔离距离。

⑫垄距与轮距相匹配的调整。免耕播种机与当地实际种植行距需要匹配，60厘米行距，免耕播种机轮距120厘米左右，65厘米行距，免耕播种机轮距130厘米左右，上下误差不能超过5厘米，避免压垄，垄作区尤为注意，如有出入，播种前需要进行调整。

在修理部使用相应工具及行架把免耕播种机吊起离地，专业修理人员松开免耕播种机一侧地轮支架螺母及侧传动齿轮固定销，从主梁中间量好尺寸，确定好准确位置，窜动地轮支架在主梁上的位置，固定后锁紧螺母，进行另外一侧的调整，两侧调整好位置后，锁好两侧传动齿轮组件。

⑬均匀行调成宽窄行的调整。免耕播种机根据实际需要均匀行距调成宽窄行距，或者宽窄行调整成均匀行状态，时有常见。具体做以下调整：在修理部由专业修理工选择适当工具，把机具平放或吊起，安全支撑。根据需要算好轮距、行距尺寸，确定好地轮支架是否需要窜动，划好记号。如需调整轮距，按照轮距调整办法进行调整，紧固好各部件后再进行调整行距。

测算好播种机单体主梁卡子应该的位置，松开一个单体卡在主梁上的四个螺丝，单体后面向上抬起，窜动单体主梁卡子，到达合适位置后紧固。接着按照同样的方法窜动其他播种机单体到合适位置，紧固后检查各单体是否平衡一致，四连杆及各齿轮和链条传动是否正常。再根据单体上播种开沟圆盘刀的位置，松开施肥开沟圆盘固定座，调整窜动施肥开沟圆盘刀的位置，保证播种开沟圆盘开沟位置与施肥开沟圆盘开沟的横向位置大于7厘米，肥量大，达到10厘米以上，而且各播种单体该种肥隔离距离一致。

调整完成后，机具进地进行试播，各作业指标需符合农艺种植要求。

免耕播种机的使用：免耕播种机是在有秸秆覆盖的条件下免耕播种作业，达到农艺要求，主要是秸秆处理效果、种床整理效果、播种位置效果、施肥位置效果、覆土镇压效果等满足农艺要求。随着发展，还要求具有作业效果监测功能和作业数据远程传输功能。免耕播种机实现保护性耕作各种条件下免耕播种作业，正确使用和操作至关重要。

使用前需要读懂使用说明书和熟练掌握操作和调整，有必要参加由企业和技术部门组织的使用操作培训，新手驾驶员取得拖拉机驾驶证的同时，通过培训和实际地块操作，根据每块地土壤条件、秸秆量大小、种植行距、种植方式和种植密度、播种深浅、肥量大小、施肥品种的不同，机具及时调整和经常试播，取得免耕播种作业资格。

面对不同的农户，根据农户和地块实际情况，提出合理建议，按照不同地块不同的调整方式，试播时秸秆处理效果、播种深浅、种肥隔离距离、播种株距、施肥量、镇压效果需要与农户取得一致意见。一般免耕地块由于地温低，种植不宜过深，根据土壤墒情和品种特点确定。免耕保墒效果好，镇压实，出苗齐，种植不宜过密，根据玉米品种的要求确定。

使用操作播种作业速度不宜过快，保持每小时6～8千米的播种速度，出苗效果最佳，超过10千米的作业速度，出苗株距均匀度会受到影响。

严格按照使用说明书的要求，使用和保养指夹式排种器和其他各部件，化肥的使用、口肥量的控制、种子的播前筛选处理、播种监控器的使用、各清土刀片的调整在试播过程中需要调整到位，达到理想的免耕播种作业状态。

（3）机具选用。选择由省级以上鉴定部门认定的免耕播种机，具有秸秆处理、精量施肥、精准开沟、精量播种、科学覆土与镇压、智能化监控功能，一次完成秸秆切断与清理、侧深施化肥、苗带松土、种床整形、播种开沟、单粒播种、施口肥、覆土、重镇压、现场作业效果监控和数据远程无线传输等作业；作业速度满足6～8千米/小时。

宽窄行模式要选择双数行数的免耕播种机；播种机型号根据作业地块面积大小和承担作业任务多少、配套动力以及当地地理条件确定，可选择2行、4行、6行、8行机型。

两行免耕播种机

六行免耕播种机

平作、垄作均匀行模式对单数行数和双数行数机型没有限制。垄作根据拖拉机轮距、免耕播种机轮距与地块垄距相匹配，一般根据动力、拖拉机轮距不同选择2行、3行、4行、5行、7行机型。

6.2.5 深松机

（1）结构与性能。深松机用于对深层土壤的疏松。

一般由深松机架（主梁和副梁）、深松铲、施肥机构和碎土镇压机构组成。

（2）调整与使用。作业前，拖拉机悬挂深松机到地里进行调整。拖拉机逐渐行走，调整悬挂支臂立拉杆、直拉杆的长度，来调整深松机入土角度和深松深度。

深松深度调整：调整深松铲铲尖的入土角，使之与水平面夹角加大即可增加深松深度，反之则深松深度减小。

作业时，拖拉机需四轮驱动，适当增加拖拉机的前部配重。拖拉机的轮距和深松铲深松的位置要匹配。

深松操作严格按照使用说明书的安全规程，作业行走或调头时机具附近不能有人，作业途中调整和故障修理需要停车熄火处理。

深松机具入土作业拖拉机禁止倒退，提升至安全高度后方可调头作业。

（3）机具选用。深松作业机具分为三大类，一类是凿铲式，这类机型深松铲形状如凿形，入土角度大，入土好，作业阻力稍大，有的为了增加带动层，还增加了固定翼铲；二类是偏柱铲式，偏柱铲带有曲面，单铲带动层宽，松土效果好；三类是国标铲式，这类机型深松铲铲尖形状如牙齿，入土角度小，作业阻力也小，铲柄下部安装有活动翼铲，松土层适中；以上机型都要求带有碎土镇压装置；另外，保护性耕作地块秸秆量大，不管哪类机型，都要求机架有足够的离地高度，最好配有秸秆切断装置，以防止作业拖堆拥堵。

秋季作业机型

动力配套方面：60马力以上拖拉机可配套2行深松机；120马力以上拖拉机可配套4行深松机；180马力以上拖拉机可配套6行深松机。

根据作业地块面积大小和承担作业任务多少，选择2铲、3铲、4铲、5铲、6铲、7

铲机型；如果在苗期作业，需要选择双数铲数的机型，如果需要施肥还要配备施肥装置；作业时一次完成松土、施肥、碎土、镇压等工序；如果不是苗期作业，选择单数铲机型，作业时一次完成松土、碎土、镇压等工序。秋季一般采用全方位深松机或间隔深松机，苗期采用间隔深松机。

苗期作业机型

第

7

章

保护性耕作示范推广体系

保护性耕作技术推广，是各级农业农机技术推广机构和承担相关科技推广项目的科研单位与大专院校，通过示范、培训、指导、项目、补贴、咨询服务和宣传等方法，让适宜区域的农业生产者，将保护性耕作科研成果和实用技术转化普及应用于玉米、大豆等种植生产全过程的活动，通俗讲就是，示范推广做给农民看，带着指导农民干，领着农民算好收益效果账。这一技术的推广工作成效如何，直接关系着农民对保护性耕作接受的程度、普及的速度、应用的规模与面积、实施的质量和效果。为此，在推广过程中，必须要紧紧把握住基本的工作导向、掌握运用好主要方法、突出工作重点、做好培训指导、规范实施操作等。

7.1 保护性耕作技术推广的工作导向

根据《中华人民共和国农业技术推广法》、国务院印发的《"十四五"推进农业农村现代化规划》中关于因地制宜推广保护性耕作的规划部署，按照农业农村部、财政部《东北黑土地保护性耕作行动计划实施指导意见》，在玉米保护性耕作技术推广中，为实现保护好耕地中的"大熊猫"与粮食增产多赢的目标，在遵循农技推广工作基本原则的基础上，实施本技术推广中应坚持把握好"六个工作导向"。

7.1.1 坚持认识导向

坚持认识导向，把提高对推广保护性耕作的认识放在首位。认识是行动的先导。保护性耕作是一件新事物、是一项新技术、是对传统常规耕作制度方式的冲击与挑战。在推广玉米、大豆保护性耕作中，首先要抓好的第一件事，就是解决对推广保护性耕作技术的认识问题，统一思想，形成共识，才能行动统一、步调一致、共同发力。

从实践看，需要从三方面入手抓认识的提高。一是重点抓三方面人员，要把提高农机推广队伍、农机作业者和农民用户对保护性耕作技术的认识问题作为重点；二是在先期培训中，要把提高思想认识，解决为什么要推广保护性耕作作为核心内容，把为什么要推广，反复讲、讲明白、讲清楚。三是因地制宜，利用多媒体特别是新媒体宣传保护性耕作，形成区域舆论氛围，推动大家提高认识。

7.1.2 坚持政治导向

坚持政治导向，增强搞好保护性耕作推广的责任感。政治方向是管总的，方向明才知怎样干。要从提高政治站位的高度，认识推广保护性耕作的重要性。习近平总书记在吉林考察时强调，要认真总结好玉米秸秆覆盖还田的技术模式，保护好黑土地这个耕地中的“大熊猫”；2020年中央1号文件明确，把实施东北黑土地保护性耕作行动计划，列为对黑土地实行有效保护的国家战略行动。这不是普通的财政项目，也不是一项简单通用技术的推广，更不能仅仅作为一般常规的农业技术工作来对待。这是东北地区耕作制度的一场革命，关系着国家的粮食安全战略、全面贯彻落实习近平总书记提出的“藏粮于地、藏粮于技”的重要指示精神，既关系当前，又是影响长远的大战略。农技推广人员必须要从党和国家的事业、政治站位来深刻地认识实施黑土地保护性耕作行动计划的重大意义，必须要做，并且要坚定不移地做好，要把推广黑土地保护性耕作摆到重要工作日程，履职尽责，落实到位。

7.1.3 坚持学习导向

坚持学习导向，努力成为系统掌握保护性耕作技术的行家里手。保护性耕作是一项涉及农机、土壤、农业、生态等多方面的技术，是一项系统工程；没有技术理论、实践的积累及不断地吸收新的技术信息，不成为技术上的明白人，推广工作就难以深入。俗话说，打铁必须自身硬。为此，在推广保护性耕作实践中，必须要始终把刻苦钻研学习保护性耕作技术，贯彻于推广工作的全过程，努力使推广人成为精通保护性耕作技术的硬手。

主要应从三个方面进行深入学习。一是学理论。系统学习保护性耕作技术理论知识。二是向实践学习。带着问题到实践中学习，寻找答案，增强解决实际问题的能力。碰到什么情况、遇到什么问题，与保护性耕作第一线的实施主体多交流、勤沟通。他们身上藏着无穷无尽的实践智慧，值得学习讨教，一定能获得不少有益的信息。三是边学习边总结。通过一边实践、一边学习、一边总结，总结促学习，学习促实践，这是一个很好的学习和提升保护性耕作推广能力的过程，又能指导推动工作。

7.1.4 坚持问题导向

坚持问题导向，在不断破解难题中为保护性耕作持续推广保驾护航。保护性耕作是一个新技术、是一个新事物，是对传统常规耕种方式的挑战；推广保护性耕作，是要构建起一个全新的耕种生态系统与机械化生产体系，必然要面对不少新问题、新矛盾。为此，保护性耕作技术的推广过程，就是不断发现问题、不断解决问题的过程。只有不断破解影响制约推广的难题，才能让保护性耕作推广应用具有可持续性，用户才能发自内心愿意应用保护性耕作技术。

7.1.5 坚持典型导向

坚持典型导向，深入实施以点带面的有效推广工作方法。榜样的力量是无穷的，要始终注意突出抓好保护性耕作实施主体身边人、机、技、地四方面典型的发现与培育工作，并且认真进行总结，利用各种机会进行宣传，以起到很好的引领示范效应。让这些典型人物、事件，起到一马当先带来万马奔腾的局面。

7.1.6 坚持勤奋导向

坚持勤奋导向，大力发扬农技推广人的辛勤工作精神。鲁迅先生曾有一句名言，“人的差异产生于业余时间”。保护性耕作推广工作开展如何，能不能出成果、出业绩，达到农民受益、政府满意、社会肯定、自己欣慰，没有什么捷径可寻，关键是要做到“三勤”。一是要勤思考。推广部门作为政府实施保护性耕作的参谋部、智囊团，必须要走一步、看两步、想三步，每个作业环节、每个推广阶段，要及时、主动地提出工作建议、实施想法，使领导早决策、决策在点子上，在推广形式上、方法上、突破重点上，年年有新东西，保证保护性耕作顺利推进。二是要勤下去。办公楼里不能遇到的、不了解的问题，通过勤下去，走进田间地头、直达机具傍、深入到合作社和基地，才能发现问题，找到解决的办法，注意到农民中寻找实用的解决问题的招法。三是要勤积累总结。对保护性耕作相关数据、技术问题、应用情况和效果等，要注意调查搜集和积累，日积月累，并认真总结分析，从工作总结、技术总结两方面形成报告，对于推动和指导做好保护性耕作推广工作，都是有重要作用的。

7.2 保护性耕作技术推广的方法

保护性耕作技术推广的方式或方法，是指农技推广机构等采用行之有效的组织措施、服务手段和工作技巧，让更多的农民专业合作社、家庭农场、农户和乡村干部，愿意接受保护性耕作，并加快扩大推广区域和规模、完成推广任务计划、确保高标准和高质量推广实施极为关键的一项工作。

不同于农业农机某一生产作业、单一技术的推广，玉米、大豆保护性耕作作为重大农业推广技术，关连于玉米、大豆植物生长整个生育期、贯穿于玉米生产全过程，具有涉及生产环节多、配套作业机具多、技术交叉等特点，特别是还要面对传统常规玉米种植生产技术的挑战和来自不同方面的阻力。为此，在坚持采用好农技通用推广方式方法的基础上，必须要结合推广实践，要对推广方式方法积极创新，采取“组合拳”，多管齐下，综合配套实行多种推广方式方法。

7.2.1 指标下达法

保护性耕作技术，不同于普通的农技推广，仅靠技术的示范引导等方式，主要靠市场化就能让农民自愿去接受和应用；而保护性耕作技术，是关系到黑土地保护、国家粮食安全的农业发展战略，是各级政府主导推广应用的农业重大技术，必须要采取必要行政手段，有计划性地引领推动农民采用保护性耕作技术。为此，由省级政府农业机械化主管部门，根据不同县域适宜推广应用保护性耕作的耕地面积、土壤类型、种植结构、气候条件、保护性耕作机具装备水平等，规划阶段性保护性耕作推广面积目标，并提出和分解下达每个年度约束的推广任务指标，是推广保护性耕作技术一种切实必要和有效的方法。

例如长春市保护性耕作推广应用的一个成功经验就是采用指标下达法，来推动保护性耕作的推广和作业面积的完成。2011年长春市开始示范推广保护性耕作，每年都由市级政府农业主管部门提出全市玉米保护性耕作推广任务指标，并分解下达到各县（市、区），配套相应的市级财政作业补贴资金，作为约束性任务指标；在推广任务的关键年度时间节点，总的任务指标列入市级政府年度工作报告，并对完成情况进行绩效考核。

2020年农业农村部、财政部联合印发的《东北黑土地保护性耕作行动计划（2020—2025年）》明确提出了，黑土地保护性耕作到2025年实施面积达到1.4亿亩，占东北地区适宜区域耕地总面积的70%左右的行动目标，实质上也是将推广任务指标分解到东北四区，并具有约束性，从而使近三年东北四省区保护性耕作得到了较快的规模化推广应用。

在保护性耕作示范推广工作起步相对难度比较大及新的实施区域，以示范为基础，由县以上人民政府或农业、农机化主管部门分解下达保护性耕作任务计划指标，是推广保护性耕作中值得采用的一种推广方法。

7.2.2 项目带动法

保护性耕作科研和技术推广项目是保护性耕作示范推广普及的重要载体与手段，是推进技术应用的催化剂和加速器，是加速推广保护性耕作特别是高标准技术模式示范应用的有效方法，农技推广机构应积极协调、主动联合、多方争取，协同实施。

保护性耕作推广项目，既有农技推广机构可独立申报的项目，例如保护性耕作技术示范推广项目、省级农业技术推广奖项目、科技计划项目和市一级先进农业技术竞赛项目；也有主要农作物生产机械化示范项目、东北黑土地保护、耕地质量保护与提升、耕地深松、基层农技推广体系改革与建设补助项目及“阳光工程”等，都包括保护性耕作相关项目、环节，或者机具示范、基地建设、人员培训等内容。

在项目带动中，一方面，要积极申报，立项实施。主动跟踪相关项目申报指南，按照要求，做好保护性耕作项目申报书编写工作，争取立项实施，资金支持，搭建起一个保护性耕作推广的载体平台，争取利于推广的有利条件。另一方面，要主动出击，将相关项目融合起来。像上面例举的不少农业农机项目，都不同程度包括保护性耕作技术、作业、机具、培训、示范基地等内容。在这些项目中，保护性耕作技术推广融合程度有多深、实施包涵内容有多少，都需要农技推广机构的积极协调、主动配合。

7.2.3 示范推动法

示范是进一步验证玉米、大豆保护性耕作技术适应性和可靠性的过程，也是借助某种示范载体，以技术与机具难点问题为导向，通过示范展示难点问题的破解和效果，为农民做出一个样来，对农民、机手、农技推广人员和乡村基层干部进行保护性耕作技术、模式、机具普及教育，推动其转变思想，接受新的耕种方式、应用保护性耕作技术的过程。

保护性耕作技术示范，具有发挥典型样板、辐射带动作用，有利于保护性耕作相应技术集成配套示范和保护性耕作技术的普及应用，让示范参加者和周边农户，亲自体验并目睹了保护性耕作示范实施全过程和最终的实施结果，使更多的农民对保护性耕作技术的应用更有信心，更充满热情，也是培育和造就保护性耕作技术推广实用人才队伍，使其发挥“星火燎原”般的带动作用。

保护性耕作技术示范，可以是单项示范，包涵某一保护性耕作技术模式、某一种保护性耕作新机具等示范，也可以是保护性耕作技术全生产作业过程的示范。示范承担主体是农机合作社、家庭农场等。

7.2.4 典型引领法

在推广保护性耕作中，采取“典型引领”工作法，善于发现、培养、选树、宣传保护性耕作应用典型，总结典型案例的做法和经验，充分运用“榜样的力量”，积极发挥先进典型的示范引领作用，启发、引导、带动更多的农民加入到采用保护性耕作技术的队伍中，是推广保护性耕作应当重视和采用的有效方法之一。

运用典型引领带动保护性耕作推广应用，关键是要把握好四步工作法：一是要发现。善于在农村生产第一线工作时和专题调查中，能够及时发现、看到本区域保护性耕作推广应用的典型事例。二是要培育。对发现的典型，必须做到常年跟踪，落实专项专人负责，关键环节到场，技术指导跟上，为其提供、创造更多的交流学习机会，及时对重要环节提出指导性建议意见，补齐短板，帮助解决技术难点和相关问题，让典型做得实、叫得硬，成为工作的标杆。三是要总结。这是非常重要的一步。对这些典型，只有不断深入细致挖掘和总结其好的做法，提炼出核心、管用的经验，在总结中提升、完善、宣传，实现新的发展，才能让典型值得学、农民愿意学、学了确实有效果。四是要比较。在总结本地典型的同时，虚心主动学习吸纳外地包括国外推广应用保护性耕作的做法和经验，结合典型，进行消化，吸收借鉴，取长补短，融会贯通，推介利用。五是要宣传。运用多种手段，广泛对保护性耕作典型进行宣传，形成激励、榜样效应，引领加快保护性耕作推广应用。

7.2.5 会议推动法

在保护性耕作推广中，除了整体工作要通过会议进行安排部署外，对某个方面的工作、某些关键问题、某个主要环节，通过召开会议的方式进行落实，尤其是在各级政府的相关会议上，作为一项工作进行研究和落实，是一种比较有效的推动法之一，不可或缺。要主动善于在关键环节、重点问题上，采用会议推动法，促进保护性耕作的推广应用。

7.2.6 基地样板法

通过设立建设保护性耕作技术推广应用示范基地，发挥其探索实践、技术领先、先行一步、规范操作的示范引领作用，成为高标准应用的标杆，创新完善技术模式的阵地，是带动促进保护性耕作技术推广的一种有效方法。在黑土地保护性耕作行动计划中，建设高标准应用基地，国家黑土地保护与利用科技创新联盟，布局建立黑土地保护性耕作技术推广基地，都是依托基地推动引领保护性耕作推广的典型案例实践，值得认真总结、借鉴和采用。

关于高标准应用基地建设、黑土地保护性耕作技术模式推广基地，在下面分专题分别介绍。

7.3 保护性耕作技术推广的培训

做好玉米保护性耕作推广应用，技术培训必须要先行。培训是传输普及玉米保护性耕作技术的重要途径，一定要把技术培训活动落实到到全年推广工作的全过程，抓住重点，多种形式开展好技术培训。

7.3.1 抓住培训的主要对象

保护性耕作技术培训对象主要包括三方面人员，农技推广人员、农民专业合作社和家庭农场等技术实施主体以及技术应用区域的农民群众。要把前两方面人员，作为重点培训对象，切实组织抓好。同时，建议对集中实施区域乡（镇）政府主管农业负责同志、村“两委”负责同志，每年也能够组织开展一次技术培训和政策宣讲。

7.3.2 突出培训的重点

通过培训活动，让组织推广者、实施主体和应用者，坚定对保护性耕作的优势自信、技术自信、机具自信和增产自信，提高技术的到位率和应用水平，培养一批熟练掌握保护性耕作技术的指导服务能手、生产经营能手、农机作业能手。通过对各级农技推广人员的培训，让保护性耕作技术的优秀“二传手”，首先要认识到这项推广工作的重要性和所肩负的政治责任与艰巨任务，率先全面掌握技术，提升技术指导服务能力。通过对乡村干部的培训，使他们能够进一步了解保护性耕作的作用和秸秆覆盖基本要求，积极支持技术的推广应用，督促做好农户宣讲引导工作，切实减少秸秆田间焚烧和过度离田现象。通过对农机合作社、家庭农场、农机户等实施主体的培训，能够比较全面学习和掌握玉米保护性耕作应用技术，特别是全程机械化作业、技术规范和作业补贴政策规定。

7.3.3 采用多种形式培训

保护性耕作技术培训，既要融合包括在各种推广方式中，又要组织开展专门的培训活动，注意形式的多样化，结合相关项目、利用多种载体、主动“见缝插针”，努力形成农口各部门同抓共做，广泛、深入、全方位开展起来的局面。

（1）在农闲时节，组织举办农技推广人员和实施主体骨干力量参加的具有一定时间周期的集中培训班，这是培训工作的重点。

（2）借力借势，扩大技术培训。要注意与基层农技推广体系建设、高素质农民培育工程等项目紧紧结合，既解决了培训经费等问题，又抓住了对重点人员的培训。

借助高素质农民培育工程等项目，积极争取把保护性耕作技术作为每期必讲授知识技术内容，尤其是应主动建议协调协助创办高素质农民保护性耕作培训工程专班，安排适宜保护性耕作的区域农民，对其系统全面地进行保护性耕作技术培训，培养一批熟练掌握保护性耕作技术的生产经营能手、农机作业能手。

（3）积极推动“多级同步、政企社多方”联动培训。这是利用互联网优势，在新形势下一种有效的培训方式，授训面大、授训人多、时间方便，又节省费用，可以以县或市级为牵头单位，利用快手直播、腾讯视频会议等平台，广泛采用开展。

（4）广泛开展“田间日”等体验式、参与式培训活动。通过农民群众喜闻乐见的方式，提高保护性耕作科普效果，促进技术进村入户。把一些培训活动安排在田间，讲授培训便于农民群众更直观、更容易学习接受。

（5）采取录制、播放保护性耕作技术专家讲座视频进行技术培训。

7.4 保护性耕作技术推广的指导

在开展保护性耕作推广中，技术指导工作是各级农技推广机构和相关科研院校一项重要的任务，是为保护性耕作推广应用者“保驾护航”的主要措施，必须切实贯穿于推广活动的全过程。

从推广保护性耕作的实践看，主要应从六个方面注意做好技术指导工作。

7.4.1 面对面指导

对承担保护性耕作的实施主体，可进行集体或者个别面对面指导。在实施面积比较大的区域，应采取集中指导的方法。科技推广人员，可分乡分片把技术实施的主要人员组织召集到一起，面对面就保护性耕作某一项作业或者关键环节进行技术指导；对承担设立保护性耕作高标准示范田和一些推广进展缓慢、反映问题突出的乡村，要注意加强个别指导。科技推广人员要以问题为导向，入社、进户、到地块，围绕秸秆处理、机具使用调整和保证作业质量等问题，一对一进行技术指导支持，以达到突破重点、难点的效果。同时要会利用线上网络传媒，搭建起一个线上的“面对面”技术指导平台，开展一种方式简便、快捷的指导方式。有条件的科研项目，可以探索运用AI人工智能技术，远程进行实际操作指导。

7.4.2 线上指导

在进入移动互联网的新时期，开展保护性耕作技术指导，要学会和善于利用电脑网络应用，特别是农民普遍通过使用手机端上网获取信息的偏好，应积极利用网络会议、微信和快手、抖音等平台，组织保护性耕作技术的线上讲解指导，答疑解惑。这是一种适应和使用现代传媒工具，开展技术指导更为方便、快捷、低成本的方式和工具，不可或缺，可以收到事半功倍的效果，要努力在摸索实践中运用好。

7.4.3 通过利用多种载体指导

组织编写印发保护性耕作技术培训指导资料、印发“明白纸”、建立推广微信群、设立公众号、拍摄小视频等都是有效的技术指导手段。

7.4.4 对实施者规范开展保护性耕作作业服务的指导

要抓住重点，突出搞好对保护性耕作面积推广比较大的农机合作社、家庭农场或农机户的指导，支持他们以土地流转、订单作业、生产托管、跨区作业等方式，开展保护性耕作生产作业服务，实现机具技术共享、扩大服务规模和面积。重点指导规范化为农民提供保护性耕作中免耕播种等作业服务项目，督促指导双方应签订作业服务合同，明确作业面积、作业质量和价格、收费标准、付费方式，如果有作业补贴要说明如何分享等内容。承担保护性耕作的农机组织或农机户，要按时、保质保量完成合同约定的作业服务面积。对承担东北黑土地保护性耕作任务的，必须要在免耕播种机上安装当地主管部门认可和可联网省级农机作业管理平台的作业远程监测设备，并要保持远程监测设备工作正常，及时跟踪监测作业信息，一旦发现与实际作业面积不符、实际秸秆覆盖率与数据显示分档标准差别比别大，告知使用者应及时与监测设备服务部门沟通联系，查明原因，尽快解决。

同时，农机作业服务组织或农机户与耕地经营者双方要在保护性耕作免耕播种或苗期深松等作业完成后，尽快填写免耕播种或苗期深松作业单，核对汇总后，按照本县域作业主管部门要求上报。

7.4.5 做好信息化作业监测终端安装和使用的指导

按照农业农村部组织实施的黑土地保护性耕作行动计划，免耕播种机等终端机具上要安装信息化作业监测系统，已成为应用保护性耕作作业补助面积核验判定的主要依据，正在逐步实现作业中全覆盖。为此，这一系统是否安装上、是否台台作业机具都安装上，直接影响保护性耕作推广面积、实施质量和实施者与农户的共同利益。

保护性耕作免耕播种作业远程监测，其监测设备具备卫星定位、无线通信、机具识别、农田地表玉米等秸秆（残茬）覆盖图像采集、播种面积测量、作业轨迹记录、显示报警等功能；有的仪器设备还具备播种粒数（或播量）和播种合格率监测量功能。农机主管部门、作业服务组织或农机户都可通过电脑、手机直接查看保护性耕作作业情况，包括作业面积、合格面积和秸秆覆盖率分档等内容。

免耕播种机免耕播种作业与远程智能化监测同步进行，工作原理是通过机具前部安装的摄影头，进行图像拍摄并上传到省级平台，以播前监测图像信息显示的秸秆覆盖情况判断前茬作物种类、全量覆盖还是部分、少量覆盖，以播后监测图像信息显示的土壤扰动情况（即动土率）是判断免耕播种作业还是常规播种作业的关键。有的省份规定对实施少耕的保护性耕作作业，精播机也可安装作业远程监测设备，适同免耕播种。凡播前图像显示秸秆覆盖量达标及播后监测图像显示为免耕播种作业的，判定为“信息化监测合格地块”，对应的监测面积为“信息化监测合格地块面积”，否则为不合格地块。不合格地块不能享受保护性耕作补助。

农技推广机构、保护性耕作项目实施单位，要按照同级农机化主管部门的要求，指导帮助实施者积极安装和使用好信息化作业监测系统。对使用中发生的普遍性问题，迅速调查，及时向上级主管部门反映报告建议，以确保监测的科学、准确、规范，保护好各方利益。

7.4.6 搞好保护性耕作推广应用档案资料管理的指导

保护性耕作作为实施财政资金作业补贴的项目，按照农业补贴专项资金项目管理的要求，同时要进行项目审计，推广保护性耕作所涉及的工作档案资料很多，包括政策文件、实施方案、宣传材料、技术培训与会议记录、作业机组备案登记表、监测设备企业服务协议、农机作业服务组织或农机户名单、作业合同、人工抽检记录、作业单、验收单、补助资金明细表、补助情况汇总表、进度统计表、实施效果监测记录、远程监测平台导出数据（含照片、录像、作业轨迹地图）等。按照同级保护性耕作政府主管部门的要求，农技推广机构要协助做好档案建设与管理，要有专人掌握档案管理工作要求和流程及方法，开展相关技术培训，指导基层和实施者自觉主动进行资料归档和规范管理工作，尤其是保护性耕作高标准建设基地，每进行一步要做到及时归档，作业和补贴申报工作结束后，如同财务档案一样，装订成册，装盒专柜专人保管，为各方面审计和查证能够拿出齐全、规范的档案资料。必要时邀请会计、审计专业人员进行专业化指导。

7.5 保护性耕作技术推广的基地建设

高标准应用基地建设，是推广黑土地保护性耕作的重要措施，是引领保护性耕作高质量、规范化发展的样板，示范带动作用格外突出。农技推广机构必须要把推动和指导保护性耕作高标准应用基地建设，作为一项主要工作任务，在本级政府主管部门的统一组织领导下，在上一级技术推广部门的指导下，围绕每个年度高标准基地的建设重点，主动作为，积极配合，工作到位，指导有效，总结全面，把高标准应用基地充分利用好，使其体现和发挥出重要作用。

7.5.1 高标准应用基地建设的意义和要求

（1）意义。按照农业农村部的安排部署，在实施黑土地保护性耕作中，建设高标准应用基地，是规范应用并持续优化保护性耕作技术的重要阵地，是推进栽培、施肥、病虫草害防治技术与保护性耕作技术融合的重要载体，是开展培训宣传和数据监测的重要平台，是高标准保护性耕作长期应用的样板和新装备新技术集成优化展示的基地。

（2）要求。高标准应用基地建设总的要求是，相对集中，县级基地面积不少于1 000亩、乡级基地面积不少于200亩。根据实际工作需要，建设一批村级高标准应用基地，面积原则上不少于50亩。在丘陵山区项目实施区域，可适当降低基地面积标准，基地面积数为其他区域正常标准的60%以上。

要坚持高秸秆覆盖率和免耕播种。高标准应用基地在秸秆覆盖上，应做到高标准、严要求，原则上应以秸秆覆盖率划分的三个档级，即最高档级60%以上的秸秆覆盖率为主。鼓励多采取春、秋不动土的直接免耕播种方式。要配备技术支撑单位。按照农业农村部的要求，高标准应用基地应配备技术支撑单位，负责对基地的技术支撑服务和监测数据采集分析。

要搞好建设资金的管理使用。高标准应用基地建设也是中央财政资金支持实施保护性耕作的重要内容。基地建设主管部门，应加强与财政部门协调沟通，争取补助资金更好地支持高标准基地建设。农业农村部、财政部明确允许省、市、县各级政府或基地实施主体，在确保保护性耕作资金安全及使用效益前提下，按照《农业资源及生态保护补助资金管理办法》有关规定，合理使用补助资金，通过政府购买服务、以奖代补、签订合同等方式委托相关技术支撑单位在基地开展对比试验、数据监测、技术指导、培训示范、基础研究等工作。

7.5.2 高标准应用基地建设的标准

为保障保护性耕作应用基地建设质量，县乡级保护性耕作应用基地建设应符合以下标准和条件。一是建设主体：择优确定装备实力较强、技术应用较好、积极性较高、经营管理规范、社会信誉度高的农机合作社、家庭农场等新型农业经营主体承担县乡级应用基地建设。实施建设主体须具备与建设要求相适应的作业、技术等能力和条件。二是建设规模：基地应相对集中，县级实施面积不少于1 000亩；乡级实施面积不少于200亩。保障应用基地建设的持续性和稳定性，同一地块技术应用应连续实施4年以上。三是技术应用：基地在保护性耕作方面应做到高标准、严要求，原则上应以秸秆覆盖率在60%以上的玉米保护性耕作为主体技术模式，鼓励多采取免耕播种方式，县级免耕播种应不少于基地面积的30%即不少于300亩，乡级免耕播种应不少于基地面积的30%即不少于60亩。

村一级高标准应用基地，可参照乡级基地建设标准和条件，单个基地面积一般应不少于50亩，免耕播种面积应不少于15亩；丘陵山区实施区域可适当降低基地面积要求，面积数为正常标准的60%以上。

7.5.3 高标准应用基地建设的主要任务目标

主要有四个方面：一是建立完善的技术应用模式。采用适宜本区域的保护性耕作主推技术模式、技术路线和技术措施，制定技术方案、遵守技术指引、推行技术标准、执行操作规程，有效指导技术应用，引领区域技术进步。二是持续开展技术监测。在相邻地块设置传统耕作方式对照田，进行试验对比验证。开展耕地理化、生物性状、生产成本、作物产量、病虫草害、机具装备及技术适用性等情况的监测试验工作，促进区域技术模式和技术应用优化升级。三是县级基地要形成展现技术创新机制。结合自然条件、土壤条件、种植模式等实际情况，开展不同技术模式比对试验、技术筛选和技术创新，提高本区域高标准保护性耕作技术应用的针对性和适应性。四是充分发挥展现示范功能和效果。打造集成果展示、指导培训、宣传推广、技术集成应用于一体的高标准保护性耕作示范应用基地，县基地要起到引领县域保护性耕作高标准高质量发展的重要作用；乡级基地要展现出示范带动乡域保护性耕作高标准高质量推广的积极作用。村级高标准应用基地建设的主要任务目标，可结合本地实际，参照乡级基地确立明确。

7.5.4 高标准应用基地建设的分工责任

主要应根据每年度省级保护性耕作实施方案，在高标准应用基地建设中，市级是实施监管主体，强化全过程监管，负责对县级基地工作的组织协调、定期调度、督导检查和指导服务，推动将保护性耕作基地纳入政府年度重点工作任务和督办事项，健全责任体系，确保按时保质完成任务。各县（市、区）是高标准应用基地建设实施责任主体，对本地基地工作负总责，全面落实工作任务，组织实施作业，做好技术指导、面积和质量核查、补助标准核定、资金兑付等工作，确保国家政策不折不扣落实到基地。

7.5.5 高标准应用基地建设的技术支撑保障

农业科研和农技推广单位是保护性耕作高标准应用基地的技术支撑主体，特别是农技推广部门要担当起基地建设的技术指导和支持沟通责任，充分发挥技术支持保障作用，在模式选择、技术路线、指导应用、破解难题、技术培训、宣传引导、应用效果监测等方面提供技术支撑和保障，同时帮助协调沟通基地与当地政府、相关部门建设中的有关问题。

按照省级行政主管部门的安排，农技推广部门要积极主动为建设县乡两级高标准应用基地，提前搞好摸底调查，对具备条件的做好发动申报和储备工作。加强对基地的技术指导。按照农业农村部要求，倡导实行基地“1+1+2”技术指导方式，即为每个基地配备1个技术支撑单位，1位技术指导专家，每位专家每年至少2次赴基地开展现场技术指导。县、乡农技推广部门要重视开展村级高标准应用基地的推荐工作，做好技术跟踪指导。

对高标准应用基地和长期监测点，农技推广机构要积极与技术支撑单位，开展耕地土壤理化、墒情、生物性状、生产成本、作物产量变化、病虫草害变化和机具装备适用性等方面的测查，并分阶段做好保护性耕作数据监测统计和对比分析报告，既为完善创新保护性耕作技术模式和政策支持提供依据支撑，又可以作为技术成果撰写发表相关论文文章，并作为区域性保护性耕作基础资料坚持不懈做好积累。

7.6 保护性耕作技术推广的宣传信息

保护性耕作技术是对传统常规耕作方式的根本性变革。长期以来由于大部分农民习惯于地表干干净净的传统常规玉米耕种方式，使得保护性耕作技术在有些地方被戏称为“懒汉”种田，部分农民包括不同专业的人，先入为主地认为免耕播种“长不好”、“产量高不了”；特别是在当今传媒多元化下，个别自媒体为了吸引“粉丝”，对在保护性耕作实践中局部出现的问题，夸大其词、以偏概全，片面宣传，误导农民。为此，在保护性耕作示范推广过程中，积极主动做好宣传，及时传递政策等信息，形成良好的舆论氛围，让农户家喻户晓，凝聚社会共识，也是业务主管部门和农技推广人员必须要重视的一项工作。

7.6.1 充分利用多种媒体和形式进行宣传

各级农技推广机构和推广人员，应紧密配合保护性耕作工作业务主管部门，提出推广宣传计划方案建议，主动当好宣传工作的参谋。充分运用当地广播、电视、新媒体和报刊、现场讲座等线上线下手段，制作传播短视频等，宣传普及推广保护性耕作的重要意义和效果；以印发实施方案、宣传册、明白纸等贴地气的宣传方式，宣传保护性耕作的实际作用、技术模式、质量标准、补助政策，以调动农民开展保护性耕作的积极性，充分保障土地经营者和农机作业服务组织或农机户的知情权。有条件的地区，可通过建立作业机手与农机化管理、技术推广、智能监测设备生产企业手机微信群，方便、快捷、不间断地进行保护性耕作知识宣传普及，分享技术，传递政策信息。通过持续深入开展保护性耕作科普宣传和政策宣讲，做到实施区域全覆盖，进一步凝聚社会共识，形成良好舆论氛围，让保护性耕作观念深入人心，激发调动广大基层干部和农民群众开展保护性耕作的积极性和主动性。

7.6.2 明确宣传重点

针对不同对象，做到有的放矢，搞好保护性耕作宣传。面向农民群众，重点化解出苗率低、慢等担忧，宣讲保护性耕作“多覆盖、少动土”的重要性、科学性，以案例说明其抗旱保苗、苗齐后发优势，以及带来保水保墒保土、抗旱防风抗倒伏、节约农机作业成本、持续丰产增收的效果；面对作业机手，重点宣讲稳步扩大实施面积后带来的作业市场规模扩大、作业成本降低、作业效率提高、服务收益增加的好处；面对基层干部，重点宣讲保护性耕作行动计划是国家交给各级地方政府的重要工作任务，保护性耕作有利于从根本上解决适宜区域秸秆禁烧难问题，真正实现黑土地利用与保护兼顾、经济效益与生态效益双赢，并能够大力支持保护性耕作技术的推广应用，协调保护住乡村覆盖还田利用的秸秆。

7.6.3 组织实施主体积极开展宣传工作

农民合作社、家庭农场等保护性耕作实施主体，是推广宣传工作不可缺少的重要力量，其宣传更接地气、更有说服力。所以要组织指导具备条件的这些主体，在乡村当地通过绘画保护耕作宣传墙、书写房屋墙面宣传标语、设立板报专栏、利用农村广播“大喇叭”，拍录自媒体上播放的小视频、利用“快手”等自媒体平台、组建微信群设立“小讲堂”等形式，占领宣传阵地，展开宣传宣讲，教育启发和引导农民，形成促进保护性耕作推广的强有力舆论导向。

7.6.4 重视先进典型的总结宣传

在推广宣传过程中，应及时总结保护性耕作实施中的基层经验做法和典型案例，采取多种形式，对保护性耕作成效明显的基层和推广应用先锋人物进行宣传表扬。积极主动将保护性耕作先进典型和某方面工作经验总结等素材，及时提供给本级或上一级新闻媒体，争取主流媒体的宣传支持。

7.6.5 做好信息公开工作

农技推广机构要配合本级业务主管部门安排、要求，协助建立保护性耕作推广应用查验核实和公示制度，设立监督电话，以多种形式公开补助的程序、补助标准、补助方式等。要督导乡村将受益农户、补助面积和补助金额等相关信息，在当地及时进行公示，让补助信息公开透明。

7.7 保护性耕作推广的技术要求与指引规范

坚持认真学习掌握玉米、大豆保护性耕作技术要求、指引和规范，并在推广实践中切实遵循和全面执行，这是高标准做好保护性耕作技术推广工作重要的一环，对于推动保护性耕作高质量发展具有重要的作用。

7.7.1 保护性耕作技术总体要求

农业农村部、财政部在2020年共同制定的《东北黑土地保护性耕作行动计划实施指导意见》中，对黑土地保护性耕作提出了明确的技术要求。这是对东北保护性耕作技术类型总的规范和作业环节的具体要求。在开展保护性耕作推广工作中，必须要严格遵循这一技术要求进行。

保护性耕作总的技术类型是：重点推广秸秆覆盖还田免耕和秸秆覆盖还田少耕两种保护性耕作技术类型。各地要结合土壤、水分、积温、作物行距、经营规模等实际情况，创新优化和推广具体的秸秆覆盖免（少）耕播种技术模式，配套完善病虫草害防治、水肥运用和深松等田间管理技术。要在保障粮食稳产丰产的前提下，尽量提高秸秆地表覆盖比例，尽量降低耕作次数和强度，减少土壤扰动，提升保护性耕作质量。

保护性耕作实施具体技术要求包括：前茬作物秋收后应将秸秆覆盖还田和留茬，除了必要的深松外，不进行旋耕犁耕整地作业，避免越冬农田裸露；春播时采用免耕播种机一次性完成开沟、播种、施肥、镇压等复式作业，对于秸秆量大的田块，可采用秸秆集行、条带耕作等少耕方式处理地表秸秆，确保播种质量。对于高标准保护性耕作应用基地实施地块，原则上应做到秸秆全量覆盖免（少）耕播种，地表土壤扰动面不超过30%。四省区据此制定、修订适宜不同区域的主推技术模式及标准规范。

7.7.2 保护性耕作技术指引

农业农村部农业机械化司发布的东北黑土地保护性耕作行动计划技术指引，是指导黑土地保护性耕作总的技术准则，是黑土地保护性耕作的重点技术指导规范之一，是具有方向性的技术指导。应当认真全面消化理解和掌握，并在实践中科学运用好。

（1）技术指引的编制目的。为深入贯彻落实《东北黑土地保护性耕作行动计划

（2020—2025年）》，农业农村部农业机械化司每年都组织东北黑土地保护性耕作专家指导组，以问题为导向，编制东北黑土地保护性耕作行动计划技术指引，供各地结合实际，在推广中参考应用。其主要目的是，进一步推动保护性耕作技术在东北地区规范运用，促进积极稳妥完成保护性耕作目标任务，既确保实施面积平稳扩大，又强化高质量实施示范带动；同时，引导实施主体在保障稳产丰产前提下，更加规范应用保护性耕作技术，持续增强土壤保护效果。

（2）技术指引的主要内容。《2022年东北黑土地保护性耕作行动计划技术指引》的重点内容是：

第一条：关于符合行动计划要求的保护性耕作。《2022年东北黑土地保护性耕作行动计划技术指引》明确了保护性耕作是指在农作物秸秆覆盖地表的前提下实施免（少）耕播种作业的一项耕作技术。因此只要地表有一定量秸秆或根茬（以下简称秸秆）覆盖，且进行免（少）耕播种作业，即可判定为保护性耕作。其中，免耕播种是指前茬作物收获后，一直到完成播种，除了播种机对土壤少量动土之外，没有任何其他形式的动土作业（深松作业除外）；少耕播种是指播种前或播种同时采取少量条耕、旋耕或浅耙等作业方式，动土面积低于50%，同时在保障出苗质量的前提下，尽量减少动土深度，原则上动土深度不超过10厘米。

第二条：关于差异化作业补助的划分依据。技术指引建议四省区推进实施保护性耕作差异化补助，按照秸秆覆盖地表程度分为3档。第一档为秸秆少量覆盖，地表播种前有秸秆覆盖，覆盖率在30%以内。第二档为秸秆部分覆盖，地表播种前秸秆覆盖率在30%～60%。第三档为秸秆大量覆盖，地表播种前秸秆覆盖率在60%及以上。各省区也可根据实际情况划分档次和秸秆覆盖率数值，具体标准由各省区自行确定。考虑到播种机作业时前置摄像头相对容易测定秸秆覆盖率，采用播种作业前秸秆覆盖率作为保护性耕作差异化补助的判定主要标准。

第三条：关于差异化作业补助标准。建议四省区综合考虑玉米秸秆覆盖还田、免（少）耕播种作业成本、苗期相关作业以及秸秆离田收益，按照秸秆覆盖程度分档确定中央财政资金作业补助标准。原则上第一档标准对应作业补贴不高于38元/亩，第二档不高于60元/亩，第三档不高于100元/亩。各地可以此为参考，根据秸秆覆盖免少耕作业综合成本和技术应用基础等实际情况，确定当地分档作业补助具体标准。鼓励地方财政配套资金支持，激发实施主体和农民作业积极性，鼓励高质量高水平技术应用。对于大豆、杂粮等作物实施保护性耕作的作业补助标准，四省区可根据实际明确各档秸秆覆盖及免少耕动土量具体要求，实施差异化补助。

第四条：对高标准应用基地建设从技术层面提出了明确要求和建设重点。

（3）贯彻落实好技术指引。在组织保护性耕作推广工作时，应当认真学习掌握和应用好东北黑土地保护性耕作行动计划技术指引，并本着实事求是、守正创新、循序渐进、扩面提质的原则，结合本地实际，因地制宜修订或细化相关要求，依据技术指引确定和落实主推的保护性耕作技术模式，采取有力措施积极搞好宣传培训，在推广和生产作业中严格按照技术指引进行指导，不断提升保护性耕作的实施质量和实效，并注意在实践中及时发现和反映运用中存在的问题，为下一年度技术指引修订提出建议。

7.7.3 保护性耕作技术规范

随着玉米保护性耕作技术推广面积、范围的不断扩大，必须要逐步精心指导、引领按照保护性耕作相应的技术规范、规程，标准化操作运用，以全面提高保护性耕作技术的应用水平和质量。近几年，吉林、黑龙江等省，围绕玉米保护性耕作技术的推广应用，都相继针对不同作业环节，制定出配套的技术规范，本书选取了几个具有代表性的技术规范，就基本内容介绍如下。

（1）吉林省制定的《玉米全程机械化秸秆覆盖还田保护性耕作技术规范》。为了保证这项技术的实施质量，吉林省于2018年底在全国率先制定出玉米全程机械化秸秆覆盖还田保护性耕作技术规范，即地方标准DB22/T 2923—2018《玉米全程机械化秸秆覆盖还田保护性耕作技术规范》，该规范适用于玉米主产区玉米秸秆粉碎覆盖还田、条带覆盖还田、留高茬覆盖还田模式等种植模式下农机作业时参考。

规范要求如下：技术流程，秋季机械化收获与秸秆覆盖还田→粉碎覆盖、条带覆盖或高留茬→翌年春季机械化免耕播种、施肥、镇压→机械化喷施除草剂→玉米拔节前机械化深松追肥→机械化药剂防治病虫害→机械化收获秸秆覆盖还田。

种植模式：①宽窄行交互种植（宽行80～90厘米、窄行40～50厘米），宽行和窄行隔年深松，换位种植。②均匀垄种植（60～65厘米），沟台互换种植。

作业要求：①机械选择。根据全程机械生产作业环节，选择能够满足秸秆覆盖条件的免耕播种、深松施肥、植保、收获和秸秆处理等机械。②作业时间。翌年春季（4月20日—5月5日），春季耕层5厘米深的土壤温度稳定达到10℃即可播种。③品种选择与种子处理。选择发芽率在95%以上，适宜当地自然条件的品种，播前对种子晾晒5～7天，晾晒后的种子进行药剂包衣，播种时用种子润滑剂拌种。④免耕播种与施肥。采用免耕播种机精量播种，播种量按计划保苗株数增加10%，播种并镇压后覆土深度2～3厘米，保苗率5.5万～6.5万株/公顷，在距种穴6～8厘米侧施肥料，施肥深度10～12厘米。施氮：200～240千克/公顷；五氧化二磷：100～120千克/公顷；氧化钾：80～100千克/公顷。氮肥施用总量的1/4和磷肥、钾肥作口肥或底肥施入，余下的氮肥在拔节前结合深松追施，后期脱肥可用高架喷药机结合防病防虫补施氮肥。秸秆覆盖还田免耕播种3～5年，要增施氮肥，增施量为总施氮量的5%～10%。⑤镇压。免耕播种与镇压同时进行，镇压强度500～700克/平方厘米，土壤含水率偏低时镇压强度加大，反之减小。⑥药剂除草。秸秆还田量小于50%，宜采用自走式风幕式喷药机进行苗前除草。秸秆还田量大于50%，宜在玉米2～4叶期采用苗后除草。⑦主要病虫害防治。依照当地植保部门监测预报或灾害发生情况确定，在病虫害防治发生初期进行。应按NY/T 1276的规定选用高效、低毒、低残留的农药，按照药品的使用说明书施用，采用机械化喷洒液体药剂。⑧深松。深松可在秋季或伏天进行条带深松。秋深松，在土壤封冻前，选择复式作业深松机，深松深度30～35厘米；伏深松，在玉米拔节前，选择窄幅深松机，结合追肥进行，深度25～30厘米。⑨收获。选用玉米联合收获机，进行玉米果穗直接收获或籽粒收获。玉米籽粒含水率＜35%，果穗下垂率＜15%，茎秆含水率＜70%，植株倒伏率＜5%；机械化籽粒直收的玉米籽粒含水率＜25%。⑩秸秆覆盖还田。秸秆粉碎覆盖还田，秸秆粉碎长度＜20厘米，覆盖还田量30%以上；秸秆条带覆盖还田，秸秆粉碎长度＜20厘米，覆盖还田量30%以上；秸秆高留茬还田，留茬高度40～50厘米。⑪秸秆覆盖还田免耕3～5年，因地制宜，翻耕一次，深翻深度＞25厘米，防止病虫害重度发生。

（2）吉林省制定的《玉米秸秆条带覆盖免耕生产技术规程》。吉林省为了进一步统一规范玉米秸秆全覆盖保护性耕作技术的推广使用，力争到2025年全省玉米秸秆全覆盖还田保护性耕作技术应用占播种面积的40%以上，由吉林省农业农村厅提出，吉林省梨树县农业技术推广总站、中国科学院沈阳应用生态研究所等单位起草的《玉米秸秆条带覆盖免耕生产技术规程》即地方标准DB22/T 2954—2018，于2018年12月由吉林省市场监督管理厅批准发布，从2019年1月底作为地方标准正式开始实施。这是全国和地方标准中，第一个对农作物秸秆全覆盖归行还田保护性耕作技术模式做出规范的标准。

这个标准主要对使用玉米秸秆归行机，对秸秆全覆盖下进行条带归行处理为核心的玉米秸秆条带覆盖免耕生产技术做出了规范。规定了玉米秸秆条带覆盖免耕生产技术中的收获及秸秆粉碎、秸秆条带覆盖、深松、播种前准备、免耕播种施肥、病虫草害防治和记录与档案，适用于玉米秸秆条带覆盖种植方式。标准从10个方面，提出了玉米秸秆条带覆盖免耕生产技术规程。

（3）黑龙江省制定的《玉米秸秆覆盖还田免耕播种机械化作业技术规程》。黑龙江省保护性耕作的主要地方标准《玉米秸秆覆盖还田免耕播种机械化作业技术规程》即DB23/T2479—2019，在2019年底经黑龙江省市场监督管理局审定并发布，对秸秆粉碎覆盖还田、免耕精量播种等作业环节提出了技术要求，使该项技术在机械化生产作业中不跑偏、不走样，提升秸秆覆盖还田情况下免耕播种机械化作业水平，对黑龙江省黑土地保护有重要意义。

7.8 保护性耕作技术推广应用的工作月历

推广应用玉米保护性耕作，既是季节性的重点任务，也有常年性准备等基础性工作，只有突出不同月份的工作重点，细致规划安排好，才能有序推进，扎实落实，确保实效。

为了科学、规范、有序组织和做好玉米保护性耕作技术的推广工作，帮助农机合作社、家庭农场和农户科学安排保护性耕作生产作业，提醒及时做好各农时环节玉米保护性耕作全程机械化生产各项准备工作，按照农业农村部黑土地保护性耕作技术规范指引要求，可以结合本地农情特点，年初编制出玉米保护性耕作技术推广实施工作和生产作业安排月历，供农业农机推广部门和农机作业生产者在实践中参阅。

下面是东北中部地区玉米主产区保护性技术推广工作月历，供借鉴参考。

7.8.1 1—2月份主要工作任务

1—2月份是一年实施保护性耕作的关键月份，踢好头一脚十分重要。重点是要定好方向，明确技术模式，落实好地块，制定年度生产作业计划和生产作业技术准备。主要从以下8个方面入手：

（1）早制定全年生产推广作业计划，规划落实好实行玉米保护性耕作作业地块和面积。

（2）及时了解省、市黑土地保护性耕作实施方案，特别是对不同秸秆覆盖量作业补贴的标准规定，以便确定作业地块和安排保护性耕作作业模式收费价格。

（3）定下基本的保护性耕作技术模式。

（4）勤于网上、手机上学习、掌握保护性耕作技术，与乡村邻里之间学习交流保护性耕作生产作业经验体会。

（5）准备种子（精选适宜本地种植的优良品种）、农药（除草剂、保护剂和杀虫剂）、化肥（氮、磷、钾三大肥及中微量肥）及其他农资。购买时查验“三证”是否齐全，并留存样品和包装。

（6）搞好机具检修和购置。对拖拉机和配套农机具包括秸秆还田机、秸秆归行机、条耕整地机、免耕播种机、深松追肥机和自走式喷药机等进行检修、调试及试运转，达到最佳工作状态，为开展玉米保护性耕作全程生产机械化作业做好准备。条耕机是保护性耕作待播种床处理的重要机具，要选择使用通过省级农机产品鉴定，并且秸秆不混合、条耕宽度控制在50%、在市场上相对使用量比较多的机型。免耕播种机具是保护性耕作播种质量好坏的关键，对保护性耕作的顺利进行具有重要的作用。选购时要选择秸秆覆盖地块通过性强、播深一致稳定、漏播率低等技术指标达标和配有进口指夹式排种器、施肥开沟器的机型。

（7）农民合作社、家庭农场为农户开展保护性耕作作业服务，要及时与农户签订合法规范的服务作业合同。

（8）对实施秸秆全覆盖的地块，要做好协调工作，看护守护好，以防止秸秆被打包离田。

7.8.2 3月份主要工作任务

3月份既是玉米保护性耕作推广准备的重点月份，又是秸秆归行、秸秆粉碎还田和条带耕作作业的启始月份，任务集中，环环相扣，统筹打算，件件落地，按时保质完成，为全年玉米保护性耕作生产作业，开好头、起好步，打好基础。

（1）多种形式、多层次开展推广保护性耕作宣传。

（2）安排和组织技术培训学习，明确本年度保护性耕作春播生产面临的新情况与应对招法。各级农机农业推广部门认真组织安排、保护性耕作技术的应用者自觉主动学习黑土地保护性耕作的技术理论，要让更多应用者特别是新采用保护性耕作的农户学习、掌握玉米保护性耕作技术。

（3）分析本年度玉米保护性耕作面临的新情况、新问题，农机农业推广部门要有针对性地拿出技术指导意见，并广泛进行宣传，让更多的农户学习掌握。

（4）继续指导做好保护性耕作机具检修和购置工作。

（5）对采用秸秆全覆盖和部分覆盖保护性耕作地块，继续坚持做好田间秸秆守护，尽可能保留住适量秸秆。

（6）采用秸秆归行或条耕作业的地块，根据土壤墒情进行秸秆粉碎还田、归行或条耕作业等机械化生产作业。

7.8.3 4月份主要工作任务

每年进入4月份是各地玉米保护性耕作推广应用的关键阶段，也是指导任务更重的月份。任务重、环节多、时间紧，必须要环环相扣，抓实落实。重点工作和生产任务是，指导和进行机具调试、秸秆处理与条带耕作作业、免耕播种作业启动等。

（1）抓紧机具检修和调整的收尾工作，特别是指导免耕播种机全面细致检修完毕，处于最佳工作状况，确定好作业机手，安装作业监测仪器。

（2）上半月线下线上技术培训和政策宣讲工作结束；下半月主要是对农民进行个别咨询指导。

（3）明确完善保护性耕作流转耕地、全托管、半托管和代耕等不同生产服务的技术作业模式，明确收费服务标准，全部敲定落实到地块。

（4）化肥、种子和油料全部到位。

（5）组织线上线下田间技术模式和作业示范演示会，引领推动面上推广工作。可采用多级联动线上培训方式。

（6）突出抓好高标准示范基地落实建设工作。

（7）秸秆粉碎还田、秸秆归行和条带耕作作业全面展开。

（8）对备好的种子进行大小粒和完好性挑选，补足数量，进行种子包衣剂和微肥拌种处理；有等离子体种子处理机或其他处理设备的，按照要求，例如等离子体处理种子，应在播前7～12天对种子进行等离子体处理，使种子活力增强，灭菌，提高发芽率和抗逆性。

（9）开展田间土壤耕层地温、水分等的测查工作。

（10）对播种带条耕作业，不能作业过宽过深，必须控制在两个播种行距的50%以内，深度为5～8厘米，以种床基本耕平为条耕控制深度，同时要镇压好，以利于保墒。

（11）对免耕播种机进行播量调试，进行试播种作业。播种时间一般以4月下旬至5月上旬进行播种为宜，并保证5厘米地温稳定通过10℃，可有效防止早春倒春寒对苗期的伤害。抓住时机适当早播，要注意岗、平、洼地的差异。

（12）指导播种时采用先进的免耕播种机精量播种，做到种肥分离、播深一致、覆土均匀，适当增加密度，除风沙干旱地，按照公顷保苗株数6万株以上，计算下种量和株距。不提倡“一炮轰”一次性施用化肥，倡导两次三位施肥，即播种时底位侧深施底肥、种肥同位带口肥、苗期苗侧位追施氮肥。要求控制好播种深度，镇压后为2.5～3厘米。

（13）安排好作业顺序，平岗地要安排先行下地播种。

7.8.4 5月份主要工作任务

5月份是机械免耕播种、喷施除草剂作业的交叉期，除指导、搞好免耕播种和喷撒封闭除草剂外，要做好苗期深松施肥作业准备。

（1）抓紧进行免耕播种作业，一般平岗地块，应在5月10日前完成播种任务。

（2）指导免耕播种要控制好作业速度，一般应保持在6千米上下，以保证单粒下种，株距变化小，种、肥间距稳定。

（3）喷施封闭除草剂。播种后采用拖拉机配置喷药机或自走式喷杆喷药机进行喷施封闭除草剂，指导和注意喷施时机，一般在土壤较湿润时进行地面喷雾，切忌漏喷或重喷，注意不要在雨前或有风、低温天气喷药。

（4）继续开展田间地温、水分等的测查和出苗率调查等数据监测分析工作。

（5）维修调整苗期深松施肥机，做好深松施肥准备。

（6）根据气候条件和播种进度等情况，宣传苗期深松作业的作用与要求，发布苗期深松施肥作业指导意见。

（7）指导免耕播种机的清理和保管。

7.8.5 6月份主要工作任务

6月份是玉米保护性耕作田间管理的关键期。喷施除草剂，防控杂草；苗期深松和追肥，提温蓄水，做好病虫害的防控等。在这个月，田间管理中多个农机作业环节相互衔接，交织在一起。要统筹安排，把握好作业时间，促进玉米苗生长，为后期抗旱和防病虫害做好准备。

（1）喷施茎叶除草剂。组织实施喷施玉米茎叶除草剂的作业时间是玉米2～5叶期，此时玉米抗性高，不易出现药害；5叶前可以整个田间喷雾，6叶后喷药，要放低喷头，防止药液灌入玉米苗心引起药害。

（2）组织召开田间苗期深松施肥技术演示培训现场会。可上下联动、线上线下同时举行。

（3）苗期深松及施肥作业。在玉米小苗10厘米左右进行机械苗期深松同时施肥作业。确保施肥深度8～10厘米以上，深松深度25～30厘米。在秸秆全量覆盖下的地块，要采用专用深松施肥机。指导深松作业，施肥、深松不采用同一开沟部件，深松机带有碎土镇压器件，弥合好深松沟。

（4）病虫害防治。按照常规玉米防治病虫害防治要求进行，主要防治大小斑病和玉米螟。

（5）指导和开展田间的不定期巡查，是6月份到9月份要持续进行的工作。

（6）重点指导高标准示范基地、示范田作业和病虫害防控。

7.8.6 7月份主要工作任务

7月份是阶段性保护性耕作推广应用工作的梳理、小结期：

（1）加强田间的巡查，及时发现病虫害。

（2）对上半年保护性耕作生产作业实施情况进行交流和小结。

（3）组织对玉米苗情长势好，尤其对高标准应用基地示范田的参观交流活动。

（4）在有条件的地方，安排观察常规种植、免耕、条耕、苗期深松等不同作业模式地块，雨水渗降和田间径流等情况。

7.8.7 8—9月份主要工作任务

8—9月份主要是玉米生育后期管理和收获的准备工作。

（1）促熟喷肥。根据作物的长势喷施植物生长调节剂进行生化促熟。分开花期、成熟期喷施，促进籽粒的形成，提高抗逆性，提早成熟。

（2）病虫害防治，尤其是要注意穗期多种病虫害盛发期的防治工作。

（3）签订收获作业合同，协调资金和油料、机手费用。

（4）检修收获机械。对自走式玉米收获机进行全方位系统地检查、维修和调试，特别是机具上配置的秸秆还田机也要细致检修，调整到最佳工作状态。落实收获时作业地块和时间顺序。

（5）购置或维修秸秆还田机、秸秆归行机、条耕机等机具。

（6）利用好高素质农民培训工程项目，开展技术培训。

（7）跟踪掌握高标准应用示范基地、示范田情况。

（8）进行玉米根系等对比测查工作。

7.8.8 10月份主要工作任务

10月份的生产作业要与下一年度保护性耕作相衔接，尤为重要，必须要认真落实做好。主要作业环节是：机械收获和留茬、秸秆覆盖还田、秸秆归行、深松和条带耕整作业。

（1）抓紧进行玉米机械收获，可降低粮食损失。指导玉米籽粒乳线消失后适时收获，以使玉米籽粒充分成熟，降低籽粒含水率，增加百粒重，提高产量。一般10月1日后收获。采用自走式玉米收获机进行收获。收获大垄双行时，对玉米机扶禾器适当进行改制使其变窄，以便对垄作业。

（2）进行玉米田间产量测产。

（3）对收获地块进行秸秆均匀覆盖，调整留茬高度作业，保证翌年保护性耕作项目的正常实施。该步骤可随同收获环节一并完成。

（4）组织进行条带耕作和深松技术培训及田间机具作业演示等活动。

（5）对部分地块适合进行条带耕作和深松作业，并强调镇压好。

7.8.9 11—12月份主要工作任务

11—12月份主要是做好玉米保护性耕作田间作业收尾、全年推广应用情况总结分析和农机具清理保养。

（1）抓紧进行玉米摘穗或籽粒机械直接收获的收尾作业。

（2）组织对部分地块特别是低洼地块，迅速开展秋季秸秆归行或条耕整地作业，尽快完成深松作业。

（3）对翌年采用部分秸秆覆盖的地块，可冬季进行秸秆打捆作业。一般情况下，应选择田间作业除土效果好的秸秆捡拾打机，以减少打捆作业不当，裹挟走田间表土。

（4）指导农机具清理保管工作，对拖拉机和免耕播种、整地和秸秆处理等机具进行保养。配套机具上有的部件应拆卸、清理、上油。

（5）抓紧进行测产玉米烘干考种产量测查工作。

（6）制定技术培训计划，做好准备工作。

（7）开展保护性耕作工作和技术总结，分别形成报告，并对下年度工作提出建议报告。

7.9 保护性耕作技术推广基地的作用与实效

近几年，国家黑土地保护与利用科技创新联盟在东北四省区依托农民（农机）合作社、家庭农场等建设了黑土地保护性耕作技术模式推广基地，在率先推广保护性耕作，创新应用新技术模式、新机具等方面，走在全国前面，为实现保护黑土地与玉米增产双赢的目标，展现出重要的功能，体现出先行一步的引领带动作用，值得参阅借鉴。

7.9.1 保护性耕作实现了保黑土与增产的双赢

“今年在东北玉米几乎家家都丰收创高产下，采用保护性耕作技术，还是要比常规种法玉米产量高出一大截”，这是2021年多个推广基地和服务周边农户调查座谈中农民众口同声的结论。从吉林省中部粮食主产区基地合作社保护性耕作创高产，到双辽市学文合作社、农安县亚宾合作社盐碱地、丘陵半山区白浆土上保护性耕作获丰产，推广基地田间测产玉米产量都创出了新高，不少地块鲜玉米公顷产量达15 000千克。以长春市为例，据多部门测产数据，全市2021年保护性耕作每公顷产量平均同比2020年要多打1 000千克玉米，有的地块超过1 500千克。长春市1 057万亩保护性耕作，较比上年可增产玉米达10亿千克以上，占据2021年全市粮食增产总量的半壁江山，可以说总增产中约50%是由保护性耕作贡献的。在其他条件都相同下，保护性耕作在三个方面彰显优势：一是保墒好，抓住了苗；二是保水好，通过苗期深松比常规可多吸收利用水量至少平均100～200毫米；三是在雨水多、浸泡时间长的情况下，保护性耕作玉米更加抗浸泡，抗倒伏性好，倒伏少或比较轻。

7.9.2 黑土地实施保护性耕作可明显减轻风蚀水蚀

2021年集中降雨多，雨水冲刷耕地导致田间道上的侵蚀沟增多加深。实践表明，实施保护性耕作可明显减轻风蚀水蚀，秸秆覆盖保护性耕作地块周边沟壕，见不到田间刮来表土沟壕被填满的现象。吉林省榆树市雪莹家庭农场主姚雪莹连续三年用手机记录，她的坡耕作采用保护性耕作技术加苗期深松地块，无论雨大雨小，田间道路侵蚀沟，比相邻常规地块都要小、都要少，化肥冲刷流失也少。

7.9.3 实施保护性耕作可提升黑土地抗旱保墒能力

2021年雨水充足，是玉米大丰收的重要原因。长春市降水量达800多毫米，比正常年景多出近300毫米。在接受同样的集中降雨量下，常规种植地块雨水大部分瞬时冲流走流失，少部分留存在沟，渗透缓慢，长时间浸泡玉米根系，造成玉米病害，早衰多发。而采用保护性耕作深松，尤其是在黑土中部区域实施苗期深松作业这一重要措施，雨水流失得少，渗入到30厘米以下耕层的水分比常规作业多30%～50%，玉米生长所需水分更为充足，地表留存少，不存在长时间浸泡玉米根系问题，活杆成熟。到秋收时，保护性耕作可以进地拉运玉米，而相邻常规种植地块，有的地里依然泥沾，无法进车，只能借保护性耕作地块穿行。加上秸秆覆盖，可减少水分蒸发，保护性耕作苗期深松地块，至少比常规、比苗期不深松免耕的地块，多吸纳利用超过200毫米以上的降水。实践表明，实施保护性耕作可提升黑土地抗旱保墒能力，有效提升了玉米生产基地增产能力。

7.9.4 实施保护性耕作可增加农民收入

位于全国产粮第一大县榆树市基地的一个家庭农场，在2021年流转58公顷耕地、为农户托管作业112公顷耕地，全部采用秸秆覆盖保护性耕作技术，生产玉米出售和为其他农户提供农机作业服务，不计算玉米副产品和家中冬季做干豆腐等收入，创造出的产值达180万元，其家中5口人加常年雇用的1.5个机手，相当于在2021年人均实现GDP超过30万元。在种植产业能够创造出如此高的产值，这是相当了不起的，为乡村振兴中产业率先振兴树立了标杆。

7.9.5 秸秆覆盖保护性耕作条耕技术模式在基地中成功推广应用

玉米秸秆覆盖保护性耕作条耕技术模式是2021年基地技术创新与推广应用的突出亮点。条耕技术模式始于梨树基地，成长、发展、完善、规范形成于长春市等基地，现扩展到黑龙江、辽宁省部分地方。2021年在这项技术实施中，展现出的实行分行覆盖、浅耕保墒、条耕提温、动土较少，呈现出种床更平、播种更佳、出苗一致、条行整齐、控草变易、抗倒不变、作业高效，具有优势明显、农民易接受、易于推广等好处优势，是引领中部粮食主产区黑土地保护性耕作向高秸秆覆盖率、高质量推进、规范化应用实施转型升级的突破点、切入点。

在条耕技术模式推广应用中，基地人涌现出一批推动该技术落地和完善的典型代表。吉林省榆树晨辉合作社的刘臣是黑土地保护性耕作条耕技术和配套机具的创立、发明、实践、推广者中的榜样。他是把条耕技术和条耕整地机从吉林省推广扩展到东北四省区的第一人，他的身影遍布吉林乃至东北条耕各示范点，一年行程达数万公里；他带领基地合作社建立了东北第一大规模、连片面积达6 000亩的秸秆全量覆盖还田条耕保护性耕作示范田。长春市九台区德强家庭农场的潘丙国把条耕技术运用得如火纯青，农民称他为条耕技术的“先生”，他在微信小讲堂等场合，讲述条耕技术不下百次；东丰县新巨强的赵新凯等创立形成了丘陵半山区玉米秸秆覆盖保护性耕作条耕技术模式和作业流程；高广勇是条耕整地机使用与调整的高人。吉林省农安县农缘合作社的李忠余、铁有合作社的倪勇，把条耕与免耕播种作业衔接融合得相得益彰。吉林梨树宏旺合作社的张文镝第一个在条耕作业上用上了自动驾驶导航技术，率先迈出了条耕技术智能化的第一步；德惠市兴文农资合作社精准运用条耕技术，创出了玉米最高产量；辽宁铁岭新昇地合作社的李生是辽宁省第一个推广应用条耕机的人；黑龙江杜蒙县鸿财合作社、庄稼人合作社是龙江条耕机应用先行者；吉林省乾溢合作联社创立了六行条耕机配套六行免耕播种机“双机双减”条耕技术模式，初试成功；农安县益亩田合作社的郑洪海在盐碱地上应用条耕技术，初战告捷；榆树市益得利合作社的马占有、鹏飞合作社的郭成国影响带动全村超过50%的农户采用了条耕技术。经多年努力，布局在长春市的近30个黑土地联盟推广基地已有90%示范应用起条耕技术，由此而引发的“榆树条耕模式”、“长春精准条耕模式”，正成为燎原之势，秸秆覆盖保护性耕作条耕技术正得以在较大范围推广。

7.9.6 保护性耕作基地在技术创新和承担推广项目上有新突破

吉林省乾溢合作联社被农业农村部办公厅确定为全国农业社会化服务创新试点单位；吉林省东丰县广服家庭农场主高广勇，认真深入钻研保护性耕作应用技术，创新宣传普及方式，由他这位普通农民绘制的《吉林省丘陵半山区黑土地保护性耕作推广与实施技术要点导图》和《保护性耕作与常规种植对比图》得到了行业专家的肯定。长春市九台区庆山农机合作社承担的“玉米秸秆归行覆盖保护性耕作技术示范推广”项目，获得2021年长春市先进农业技术推广奖一等奖。

参考文献

李社潮，王影，2022．黑土地联盟保护性耕作推广基地2021年的实践成效[J]．中国农业综合开发（1）．

第8章 保护性耕作推广应用典型案例

榜样的力量是无穷的。在推进玉米保护性耕作工作中，借鉴在生产实践中涌现总结出的典型实例，学习先锋人物，是加快推广步伐的有效办法之一，也是保护性耕作应用者汲取吸收先进做法经验的必要途径。这些典型实例和先锋人员，在当地农机农业推广部门的支持培育下成长起来，有不少得到国家黑土地保护与利用科技创新联盟等公益组织指导帮助，在多年实施保护性耕作技术和生产作业中，走过的历程、有效的做法、破难的招法、积累的经验等，都是非常值得保护性耕作推广和应用者思考品味，采纳吸收，消化利用，借鉴前行。

现将在推广应用保护性耕作实践中形成的一批典型实例，涌现出的先锋人物，按照不同土壤类型区域，分别简介如下。

8.1 黑土平原区

8.1.1 推广应用秸秆覆盖保护性耕作的一面旗帜——吉林省榆树市晨辉机械种植合作社

有这样一个人，不是劳模，胜似保护黑土地的模范；不是农机推广人员，胜似农机推广人员，他把黑土地保护性耕作关键机具条耕机具推广到东北四省区；不是农技科研人员，胜似农技科研人员，他拿出了让农民接受秸秆覆盖保护性耕作技术和实实在在落地的招法；不是网红，胜似网红，他敢于用自已的名字作为条耕整地机的品牌；不担任任何官方职务，而是以土地为生的地地道道的农民，可他确有大爱黑土地的情怀。他就是全国产粮第一大县的吉林省榆树市晨辉机械种植合作社理事长、全国第一批农业生产第一线农机使用“土专家”高级农技师、吉林省乡村振兴优秀创新人才和第一批高级农技师、长春市第一批“乡土专家”刘臣。

十年来，刘臣带领农机合作社坚定不移地走实施保护性耕作这条路，创新破难成功摸索出黑土地、玉米中高产区秸秆全覆盖保护性耕作条耕技术模式，不仅合作社全部采用，并且辐射扩散东北四省区，为实现保护黑土与增产玉米双赢，趟出一条可推广、可复制、可持续之路。

十年坚定不移推广应用保护性耕作，咬住青山不放松。自刘臣他们合作社成立的第二年，面对全国产粮第一大县榆树市秸秆处理的大难题、玉米产量的徘徊、眼见黑土耕作风水蚀加重的现实，在各级农机推广部门的技术培训指导启发下和生产实践的自身感受，刘臣就带领社员立下志向，认准坚定要走玉米种植采用保护性耕作这条道，不管风吹雨打都不动摇，开始了坚定不移推广应用保护性耕作的生产作业实践。

（1）坚持把推广秸秆覆盖技术作为秸秆综合利用的主要招法。随着玉米主产区对田间禁烧的管理越来越严格，晨辉合作社敏锐地意识到，以玉米生产作业为主的农机合作社，必须找到一种适宜玉米秸秆处理同玉米种植能够紧密融合的生产作业技术模式。2011年探索通过保护性耕作方式，突破解决秸秆处理利用难题，从秸秆留茬免耕播种起步搞起，逐步向秸秆半量、全量覆盖还田利用过渡升级，特别是2016年玉米秸秆全覆盖归行免耕全程机械化技术模术，示范取得成功，真正找到了一种不用烧秸秆、全量还田、降成本、减投入、稳产量、绿色生产、可持续的先进实用玉米机械化生产方式。近五年多来，晨辉合作社一直把玉米秸秆覆盖保护性耕作作为唯一的机械化生产作业服务的形式和秸秆转化利用方式，并制定了秸秆全量覆盖还田利用的发展规划，始终坚定不移地推广实施。

（2）坚持在创新中发展完善独具特色的秸秆覆盖机械化技术作业模式。根据推广应用秸秆覆盖技术中碰到的难题，晨辉合作社积极学习新技术、引进新机具、探索新作业，实践破解难题，保证实施效果，创新形成了独具特点的玉米秸秆全量覆盖保护性耕作条耕技术模式。其核心技术内容是，在秋季玉米机械收获作业的同时粉碎秸秆还田，秸秆全量覆盖留在田间，秋季或春季播种前一周，使用专门秸秆归行机把待播种行（又称苗带）的秸秆集搂归到非播种行（又称休闲行），然后再用条耕整地机对待播种行进行宽度不超过整个工作幅宽50%、深度为5～10厘米的浅耕，从而形成一个约60厘米宽、田面上无秸秆、比较平整洁净的播种带，使秸秆覆盖免耕播种地温低、出苗晚等难题得到破解，既实现了秸秆全量覆盖还田利用，又融合常规种植耕整处理优点，采用归行和仅对播种带少耕的方式，保墒保土，相得益彰，优势互补，使免耕播种质量、出苗、长势得到保障，成为了本村和周边农民愿意接受的一种秸秆留田覆盖处理的耕种方式。

（3）坚持不断增强秸秆覆盖作业农机装备实力。功欲善必须利其器。晨辉合作社为了适应秸秆覆盖还田作业的需要，千方百计筹措资金，不断增加秸秆覆盖还田作业配套的机具装备，提升机械化生产服务能力。针对通过苗期深松有利于加快覆盖秸秆腐烂的需要，苗期深松机保有量最多时达到22台，可以承担千公顷作业；针对秸秆覆盖归行提高地湿的需要，三年时间新增加秸秆归行机18台；针对推广秸秆覆盖条耕技术的需要，又先后添置单、双行条耕机12台，成为榆树市拥有秸秆覆盖处理作业机具装备最强的农机合作社。

（4）坚持示范先行、借力借势推广发展。在完善推广玉米秸秆覆盖保护性耕作技术过程中，始终是首先在合作社承包田试验，给农民打出样，然后再通过作业托管服务、机械代耕作业向农户全面扩展。在合作社示范带动下，如今全村近900公顷玉米，大部分都采用了秸秆覆盖条耕技术模式。

玉米秸秆归行覆盖全量还田条耕技术模式，归行机和条耕机的推广应用是关键。对于秸秆归行机、条耕机，他们在借鉴东北黑土地保护与创新科技创新联盟梨树基地成员产品初创的基础上，参与长春市农机研究院等相关部门的机具深入研发，开发出标准、规范的秸秆归行机、条耕机系列产品，并先后获得国家授权专利和通过省级农机产品专项鉴定。率先在榆树市使用秸秆归行机和条耕机，并且在使用过程中，不断提出改进意见，积极探索玉米秸秆归行覆盖全量还田条耕模式种植农艺，提出了保护性耕作条耕主要技术和机具使用要点，在全省得到参考借鉴。

合作社还加入了东北黑土地保护与利用科技创新联盟，成为黑土地保护性耕作梨树模式推广基地，更是如虎添翼，接受新技术、获得新信息、得到专家指点，助力破解了归行、条耕等不少技术难题，在秸秆归行、条耕作业和配套机具等方面不断创新、发展，为黑土地保护性耕作条耕技术形成和完善做出了突出贡献，并且在推广生产应用中起到了榜样作用。

与长春市农机研究院建立起长期的技术协作关系，为秸秆归行机和条耕机的研发、推广发挥了重要作用。为了让更多的农户应用秸秆覆盖保护性耕作技术，在2018年他们社发起成立了榆树市玉米秸秆覆盖免耕播种应用技术协会，并推荐理事长刘臣担任会长。目前已有会员近百家，发展成长为榆树市玉米秸秆转化利用的重要力量。

（5）坚持发挥好示范引领作用。为了在更大范围推广玉米秸秆覆盖保护性耕作技术，合作社毫无保留地传授技术、介绍做法经验。近四年仅在榆树市就有近百个农机合作社、家庭农场，在学习、效仿晨辉合作社玉米秸秆覆盖归行或条耕的耕种方法，使秸秆有了更好的利用途径。每年市、县和乡农业农机等部门，多次在晨辉合作社组织召开玉米秸秆覆盖机械化保护性耕作现场会、举办培训班，推广他们的经验做法；东北三省前来参观、考察的相关人员和农民自发来学习的已达近万人次。

十年磨一剑，十年实践发展硕果累累。奋斗十年，晨辉合作社在推广应用秸秆覆盖保护性耕作的模式示范、机具创新、技术完善、应用成效等方面成效显著。

一是摸索出黑土地玉米秸秆全覆盖保护性耕作条耕技术模式。晨辉合作社按照农业农村部秸秆利用主要是还田肥料化的要求，从粮食主产区重在培肥黑土地的实际需要出发，通过几年坚持不懈的积极实践，形成了玉米秸秆全量覆盖还田机械化保护性耕作条耕技术模式，并在生产中成功应用。创造出的这一技术模式，既实现了秸秆全量覆盖还田利用，又克服了秸秆覆盖地温低、播种质量不高、影响出苗等难题，找到了一条适合玉米高产区、大秸秆量、高覆盖率、稳定增产、宜机械化的黑土地保护性耕作条耕技术模式，农民认可度高、技术优势明显。目前，这一技术模式，已从合作社周边乡村应用扩散到东北四省区。

二是找到了玉米秸秆利用的最佳路径。在农田秸秆全域禁烧下，一方面晨辉合作社坚持把秸秆全部留下，覆盖还田，实行秸秆肥料化，为保护耕地“大熊猫”提供了充足的食粮，培育了黑土地。近七年秸秆覆盖还田总量达4 000公顷，相当于转化利用秸秆50 000多吨；另一方面，同秸秆打包离田相比，农机进地碾压地次数少，处理成本低，利用具有可持续性，应用面积在逐年增多。

三是实现了玉米增产与保护黑土双赢。晨辉合作社从玉米留茬，到实行玉米秸秆全覆盖还田种植，不但没有出现减产，反而呈现出持续增产的势头。2021年秸秆全量覆盖条耕技术模式种植的玉米，同10年前玉米留茬保护性耕作单产648.78千克相比，亩增产184.47千克，10年增幅达28%，平均每年增幅为2.8%；10年前合作社玉米单产为648.78千克，比当年榆树市平均玉米单产603千克，高出7.5%，比全省常规种植玉米单产497千克，高出30%，比全国当年玉米单产383千克，高出近70%；2021年全国玉米单产为419千克，玉米秸秆全量覆盖条耕玉米单产，比榆树市、吉林省和全国，分别高出12.6%、60%、98%以上。

从有关部门对晨辉合作社秸秆覆盖保护性耕作和常规垄作的黑土地多项理化性指标测查看，秸秆覆盖还田的黑土地多项理化性指标，例如水解性氮、有效磷、速效钾、有机质、水溶性盐分总量等，明显好于常规起垄耕种，其中一个土壤健康重要指标有机质比常规高23.8%；风蚀水蚀大幅度减轻。这标志着黑土地保护明显向好的变化趋势。

四是减少了化肥、农药施用量。连年秸秆还田，培肥地力，化肥的施用量已由10年前公顷吨肥，普遍减少到目前公顷800千克，施用量减少20%；在秸秆全覆盖行上的杂草生长明显受到抑制，平均每公顷减少除草剂使用量15%以上。

五是降低了玉米生产作业成本。与传统常规耕种需要玉米秸秆要打包离田、旋耕起垄整地等作业环节相比，秸秆覆盖条耕模式，既减少了作业环节，又降低了对土壤的耕作强度，减少了机具进地次数3次以上，中型农业机械就可作业，降低了机具耗油，每公顷节省作业成本在1 000元以上，已为农民节省农机作业费用达300万元。

中央电视台、吉林电视台、长春日报、农业机械杂志等媒体，对晨辉合作社的做法都进行过宣传报道，其经验得到不少地方的学习借鉴。

晨辉合作社生产的条耕机

8.1.2 坚持不懈为保护性耕作技术研发示范助力
——吉林省梨树县康达农机合作社

中国科学院沈阳应用生态研究所在吉林省梨树县高家村设立的中国科学院保护性耕作技术研发基地，被称为“我国东北黑土地秸秆覆盖保护性耕作技术的自主创新研发基地”，是该技术体系的创制源。十几年来这个基地的玉米保护性耕作技术机械化生产全过程作业试验，一直都是由梨树县康达农机农民专业合作社在中国科学院沈阳应用生态研究所、梨树县农技推广总站和有关企业指导下承担完成的，并且康达农机合作社还直接参与了研发秸秆归集机、条带旋耕机的研制与示范推广，可以说康达农机合作社为黑土地保护性耕作技术与机具的研发、示范，发挥了积极的作用，直接助力推广实施，贡献出了农民的智慧，功劳不小。

康达农机合作社成立于2001年，主要是以土地规模经营、促进农民分工分业为切入点进行探索实践，开展机械化生产作业服务。2005年合作社被梨树县政府评为先进农村合作经济组织，2006年被吉林省农委授予农村合作经济组织先进单位，2007年承担了中国科学院等科研单位玉米秸秆覆盖免耕技术研究的生产作业试验示范任务，2010年合作社示范田被确定为中国科学院保护性耕作研发基地。多年来，合作社不断发展壮大，已经成为逐渐展示保护性耕作技术模式的发展平台，保护性耕作技术研发创新与示范助力的推动实施者。

（1）一直承担国内规模最大、时间最长的保护性耕作基地的玉米耕种机械化作业。2007年起，中国科学院沈阳应用生态所在梨树镇高家村建立试验示范基地，开展玉米秸秆覆盖免耕技术体系研究。合作社就始终担负着从秸秆处理、免耕播种、植物保护和机械收获作业的任务，每一项新技术的研发和改进，首先是通过他们的作业试验基础上验证、形成的。

（2）参与协助研发出第一台国产免耕播种机。2008年合作社就参与了我国第一台免耕播种机在基地的研发试验工作，免耕播种机的成功问世，实现了免耕播种机的国产化。目前，该免耕播种机已成为东北市场拥有量最多的免耕播种机、实施黑土地保护性耕作的主力机具，多次获得市级以上科技成果奖。

（3）在传播普及保护性耕作技术方面积极发挥作用。2015年合作社加入了东北黑土地保护与利用科技创新联盟，成为联盟保护性耕作试验示范基地，多次承担联盟组织的保护性耕作技术现场会、培训班的技术交流讲解和现场教学任务，不但承担玉米秸秆覆盖保护性耕作技术的研发作业，并且积极为技术推广普及做贡献。近几年仅合作社直接接待到基地考察学习的就达近万人次。理事长杨青魁多次在黑土地联盟微信群科技大讲堂进行技术交流讲座。

（4）直接参加了秸秆归行机、条耕机的研制与示范推广。针对秸秆全覆盖地温低、影响播种质量和出苗等难点问题，合作社与科研人员合作，用在生产实践中迸发出来的解决方案，率先研发成功秸秆归行机，使小机具解决了大难题。目前这种机具在东北四省区推广应用已达数千台。近几年又在条耕机研制上有了新突破，不断进行试验示范，总结应用经验，毫不保留地提出了不少条旋作业可以上升为技术规范的建议，得到有关科研部门的重视和采纳，为保护性耕作条耕技术模式的示范推广，又做出了积极贡献。

（5）欧美等国家保护性耕作的监测点。2008年以来，基地成为加拿大等欧美国家保护性耕作监测点，由中国科学院沈阳生态研究所进行全天侯监测并及时传输信息。

目前康达农机合作社拥有免耕播种机10台、条耕机5台、秸秆归行机5台、玉米收获机2台，形成了较强的秸秆覆盖保护性耕作机械化生产作业服务能力，2021年仅玉米秸秆覆盖保护性耕作作业面积就达100多公顷以上。

8.1.3 为小农户应用保护性耕作提供配套服务
——吉林省长春市九台区德强种植业家庭农场

吉林省长春市九台区兴隆镇德强种植业家庭农场，自2014年成立特别是近五年来，坚持把推广应用黑土地保护性耕作技术，作为生产经营的核心业务，拓展玉米种植业生产和作业服务达到200多公顷，不仅为100多个小农户提供了优质的玉米生产全程机械化的托管服务；更为重要的是，把这些个体农户直接与应用先进的保护性耕作技术对接起来，成为九台区应用服务秸秆覆盖保护性耕作作业面积最多的家庭农场之一，引领帮助他们实现保护好黑土地与玉米增产增收的双赢，同时农场也得到发展壮大，带动影响力和知名度明显提升，有了比较好的收益。农场被国家黑土地保护与利用科技创新联盟确定为黑土地保护性耕作技术模式推广基地，多家新闻媒体曾报道了农场发展情况和有益做法，农场主潘丙国成为九台区第一批晋升农艺师的职业农民。

（1）把推广玉米秸秆覆盖保护性耕作作业服务作为主要的生产经营活动。按照习近平总书记提出的保护好黑土地这一“耕地中的大熊猫”的指示精神，农场提供玉米机械化生产作业服务，紧紧围绕着秸秆全部还田覆盖安排进行。生产作业围绕秸秆全部覆盖落地块、找农户、上机具、学技术、定标准、全托管；对不愿意、不采用秸秆全部覆盖机械化耕种方式的地块，给作业服务费价格再高也不托管。2020年第一年采取这种托管方式，所在地周边能找到的农户有限，不惜到几十公里远，把采用秸秆覆盖种植的农户发展到了纪家镇。尽管这两年是起步期，扩展农户工作比较难做，但是也从最初示范八九户，到2021年已扩大到两个乡镇4村160多户，200多公顷，接受的农民逐年在增加。

（2）以微信小讲堂天天讲，引导农民接受秸秆覆盖保护性耕作。农场主潘丙国办的保护性耕作微信小讲堂，起始于2020年。自打2020年疫情发生以来，他就组建起保护性耕作微信群，设立了保护性耕作技术小讲堂，从2020年2月初开始，天天早上或晚上，利用30～50分钟时间，在群里小讲堂，由他主讲，为农民进行保护性耕作技术和政策的相关讲座，积极传播普及保护性耕作技术知识，启发、动员、引导更多的农民了解认识和接受保护性耕作，采用保护性耕作技术。到2022年6月，开展讲座已达800多天，可以说是天天不落、天天讲授，每天都有新内容，受到广大农民的欢迎和称赞。

（3）上装备强技术，提供先进的机械化作业服务。为了满足玉米秸秆覆盖保护性耕作全程机械化作业托管服务的需要，近两年农场先后筹措了近百万元资金，陆续添置了保护性耕作新机具，例如条耕机6台、秸秆归行机8台、苗期深松机2台，以及秸秆还田机、自走式高架植保机等新型农机装备，形成了300公顷玉米秸秆覆盖保护性耕作全程机械化作业服务能力。

（4）集成扩展保护性耕作耕种配套服务。随着农场服务规模的扩大，种子、化肥、农药需求量也大了，量多了，农场就主动到生产厂家，直接和他们对接，厂家价格优惠，还能直接把生产物资送到家，质优、价低、省心。例如，仅化肥一项为农户一公顷地节省投入达500多元。采取“农场＋合作”的形式，在生产经营上做到了“八统一”，即统一培训、统一模式、统一品种、统一播种、统一施肥、统一深松、统一植保、统一收获，实现了耕、种、收全程机械化作业，机具合理调配，发挥最大效率，有效降低了农场生产成本，通过应用秸秆还田保护性耕作技术，农户真真正正做到了玉米亩产大幅增长，种粮成本不升反降。

（5）补保护性耕作技术短板。为了为农户提供优质放心的托管服务，在秸秆全覆盖保护性耕作技术作业托管服务过程中，农场注意完善技术环节和作业过程，为农民提供高质量、放心的作业服务。这三年200多公顷秸秆全覆盖地块全部采用了秸秆归行条耕技术，补齐了保护性耕作前期地温低、出苗慢的短板；采用新型种子包衣剂，有效减轻了地下害虫的危害；使用封闭与灭杀相结合的除草剂，杂草问题得到很好控制；全部进行苗期深松，提高土壤通透性，增强了蓄水抗旱能力；采用分期施肥，在苗期深松的同时，在苗两侧每公顷深施200千克氮肥，充分发挥肥效，防止后期掩肥。配置高效植保机具，随时做好防控病虫害的准备。

同时，为了搞好玉米秸秆覆盖保护性耕作的作业服务，潘丙国带领机手们，认真学习农机使用和作业技术，积极主动参加市区组织的高素质农民培训和国家黑土地保护与利用科技创新联盟组织的保护性耕作技术学习活动，并且主动交流自己的应用实践体会，邀请省、市保护性耕作到田间指导传技。如今潘丙国已经成为长春市乃至吉林省掌握、运用玉米秸秆覆盖保护性耕作的高手、农民“土专家”，在多次保护性耕作技术示范活动中进行交流传技。

8.1.4 技术做到位保护性耕作照样创高产
——辽宁省昌图县盛泰农机合作社

在东北四省区有不少农机合作社、家庭农场的实践都充分证实，只要把保护性耕作技术措施细化做到位，照样能创出玉米高产。近几年在东北玉米保护性耕作高产竞赛活动取得优异成绩的辽宁省昌图县盛泰农机合作社就是一个突出的代表。

（1）保护性耕作创高产的体会。在东北黑土地保护与利用科技创新联盟组织的2020年东北四省区玉米保护性耕作高产竞赛活动中，盛泰农机合作社采用保护性耕作秸秆归行条耕技术模式的地块，在普遍遭遇严重的干旱和风灾等自然灾害影响下，仍获得公顷产量12 413千克的优异成绩，赢得竞赛冠军。这已是他们合作社连续三年参加保护性耕作高产竞赛再一次取得优秀名次。

2020年他们合作社采用保护性耕作种植方式的地块，玉米产量平均比常规种植高7.6%。只所以能够获得这样好的产量，实践体会是，应用玉米保护性耕作技术优势明显，特别是具有很强的抗干旱、抗倒伏等抗逆性；但是秸秆覆盖技术方式带来的相应短板问题也不可忽视。在中国科学院沈阳应用生态研究所、辽宁省农业工程技术服务中心等部门的技术指导帮助下，合作社在保护性耕作的生产应用中，始终坚持以问题为导向，针对短板，技术上采取应对措施，并且坚持细化做到位，逐步破解难点问题，同农户采用的常规种植方式相比较，玉米产量优势和节本效果越来越突出，实现了保护好黑土与保证玉米持续增产增收的双赢。

（2）确保玉米创高产的做法。在坚持免耕播种前的秸秆处理和免耕播种的作业质量标准的情况下，除确保出苗齐、出苗全外，特别重视以下几方面的技术环节的规范、高标准实施。

首先从选种这一块做起。保护性耕作秸秆覆盖还田之后，会造成土壤的地温低，土壤湿度大，容易生金线虫等地下害虫，低温还容易出现粉籽现象。为此，在种衣剂的选用上，要能够选用优质的种衣剂，有了好的种衣剂，就能保证一次性播种，确保全苗。

第二是机械喷药除草剂的应用。保护性耕作地块，由于有秸秆覆盖，用传统的封地除草剂效果不好，秸秆覆盖很难形成药膜，机械喷施完之后过一段时间还有草出来，封闭作用就不明显，所以采用了苗后除草。从实践看，苗后施用除草剂施用效果比较理想。除草剂主要成分是硝磺草酮+乙草胺+莠去津，按这个配方亩对水量40千克左右。玉米苗后雨过天晴时喷施。这个配方对尖叶、阔叶草效果特别好。有一部分乙草胺的含量，能对未出的草起到一定的封闭作用。烟嘧磺隆能打死出来的草。需要注意的是，一定要在玉米3～5叶期喷施药，而超过7片叶之后，玉米形成喇叭筒，药液会灌入玉米芯之后灼伤玉米，影响玉米产量。喷药时要用扇形的喷头。

第三是机械植保提前预防病虫害。实施玉米保护性耕作，秸秆覆盖还田，上年秸秆上残留的虫害，特别是玉米螟或者黏虫很容易大面积发生。为预防和控制住病虫害，每年在玉米进入8～12片叶龄期，采用高地隙自走式喷杆喷药机或无人植保机，进行防治玉米黏虫和螟虫、蚜虫以及红蜘蛛。

第四是机械施用矮壮素促增产。坚持每年都采用机械施用矮壮素，是为确保玉米稳产丰产而采取的又一个细化技术措施。合作社对保护性耕作地块，每年都用机械喷施矮壮素，效果非常明显，是增产必要的作业环节。每年在玉米8～12片叶时机械喷施。当喷完之后，会发现在玉米正拔节期7天之内玉米几乎停止生长，而另一现象是玉米底部会马上生长出气生根。原来正常的品种可能没有气生根，但是喷打完矮壮素之后，会在一个星期之后就会出现气生根。经过实验，喷打完矮壮素之后的玉米和没打矮壮素的玉米，会发现它的玉米根须是完全不一样的。矮壮素还能促进玉米早熟，能保证玉米的籽粒饱满度。矮壮素在使用过程中一定要注意：一是把握好时机。它有一个时间限制，当玉米进入抽穗期，就不要再使用了，否则影响产量。二是千万不要超量使用矮壮素，不要重喷。

第五是预防玉米的大小斑病以及青枯病。在秸秆覆盖下，他们发现上年残留的秸秆上可能会有一些病害或者是一些病毒霉菌，有可能会引起玉米的大小斑病以及青枯病。要坚持预防为主。每年也是在玉米8～12个叶时，把矮壮素和防虫药一起喷施进去。

（3）收到的成效与带动作用。通过在保护性耕作种植玉米上采用细化技术措施，科研部门连续跟踪测产的结果都是比常规种植实现增产10%～15%。2020年几场台风造成玉米出现大面积严重倒伏现象，不适合机械化收割；同时倒伏之后，会使玉米产生霉变生芽。而他们合作社经过科学防治，及时机械喷药作业，玉米霉变特别少，玉米没有大小斑病，并且没有倒伏现象、没有虫害，在灾年增产幅度也十分明显。

正是坚持采用这些必要的技术措施，同时注意机械作业质量，合作社才能在当年遭遇严重的自然灾害下，依然能够夺得玉米保护性耕作高产竞赛第一名。这就是他们合作社在玉米病虫草害上所摸索出来的一些经验，特别在保护性耕作的地块，因为地里的秸秆量过大，包括虫害、草害，还有病害都很多。所以说不经过科学的防治，会影响玉米的产量，对黑土地保护性耕作的推广，都会受到影响。

经过合作社这些年的摸索，采用的这些方法可以杜绝或者减少这种病虫草害的发生。合作社给农民做出了榜样，很多农民现在积极地跟着合作社干，让合作社托管或者代耕代作。当地的其他种植大户，看到盛泰合作社这些年的做法，他们都前来学习取经，一起秸秆还田做保护性耕作，助推了采用保护性耕作地块面积的增加。他们针对问题，细化技术管理措施，科学管理，较好地解决和避免保护性耕作下病虫害加重的问题，使玉米增产，让农民更能接受保护性耕作。

8.1.5 女农场主推广玉米保护性耕作走上致富路
——吉林省榆树市雪莹家庭农场

谁说黑土地保护性耕作是男人的“专利”，就他们会做得好；有这样一位女家庭农场主，村里屯邻们都夸赞她，“自打五年前她在丘陵坡耕地区做起了玉米保护性耕作，地种得好了、玉米变多了、院子变大了、钱包变鼓起来了，她们俩口子人也变得更年青漂亮了，这项技术太神奇了。”

这个人就是全国产粮第一大县吉林省榆树市新立镇雪莹家庭女农场主、黑土地保护性耕作技术模式推广基地负责人姚雪莹。

四年多来姚雪莹带领农场，在丘陵坡耕地上大力推广王米保护性耕作技术，2021年玉米秸秆全覆盖保护性耕作发展到了58公顷，为农户托管作业服务半覆盖保护性耕作还有100多公顷，不仅证明坡耕地需要保护性耕作，坡耕地也可以应用保护性耕作，还能实现玉米产量、经济收入双冒高，成为吉林省丘陵坡耕地区玉米保护性耕作的一个榜样。

姚雪莹介绍说，“前几年看着榆树市新型职业农民培训班大哥们应用保护性耕作种地效果都不错，在他们的影响带动下，2018年初我也跟他们学着用保护性耕作技术种玉米，可当时家里人都不怎么同意；在我的坚持下，最后决定一半用保护性耕作种，一半用常规种植，试着干，若玉米产量收益好，家里就能听我的。当年就看出效果了，最大的收获，就是我家苞米楼子比往年大、比别人家打的苞米多。看着玉米楼子那么大，我心里特别高兴，从此我家种地开始我说了算，下定决心要年年用保护性耕作种地，第二年就全部都用保护性耕作种法。”

姚雪莹是一个注意用心学习技术的人，她每年都积极参加长春市、榆树市安排的农民、妇女各种农业技术培训，尤其是积极参加包括保护性耕作技术学习内容的有关会议、黑土地联盟组织的技术交流活动，都是回回不落、认真参加，加上在实践中钻研，有不明白的，就打电话、微信向专家、同行请教，很快就掌握了保护性耕作作业的核心技术，特别是能够及时学会抓住新关键技术，主动在生产上应用，成为技术上的明白人。

雪莹农场保护性耕作之所以效果显著，与她敢于率先运用新技术是分不开的。姚雪莹在她们新立镇带头应用了苗期深松施肥技术，增强了蓄水抗旱作用，还可分次施肥，充分发挥肥效，明显减轻水蚀。她还最先搞起了玉米秸秆全覆盖保护性耕作技术，2019年引入秸秆归行机、2020年又先行推广应用条耕机，采用精准条耕技术，解决了地温低、播种质量不高的问题，条耕后出苗全，出苗整齐度全部超越常规种植，为稳产丰产打下了扎实的基础。

“手艺好，不如家什妙”。农场重视增加农机特别是先进的保护性耕作配套机具装备。到2021年底合作社农机保有量由四年前的4台，发展到近10多台（套），其中关键机具免耕播种机3台、条耕机3台、秸秆归行机3台，苗期深松机2台，玉米收获机2台，具备了200公顷玉米秸秆全覆盖保护耕作全程机械化作业服务的能力。

姚雪莹还是一个善于观察发现保护性耕作耕种法积极作用的有心人。她亲身观察体会丘陵坡耕地减轻水蚀的作用。雪莹家庭农场所在的新立镇，相当一部分土地为坡耕地，雨季水蚀问题严重。每年6月进入多雨期，她连续五年到田间观察强降雨对不同种植方式下耕地遭受水蚀的情况。这使她亲眼看到了保护性耕作在保土保水、减轻水蚀方面的突出作用。所以，她们农场在保护性耕作播种中，重视苗期深松，为防止水蚀、减少径流、减少田间侵蚀沟，保护黑土地做好充分准备。同时，主动拍录地块水蚀情况，向相关部门报告反映，在网上宣传保护性耕作抗水蚀能力强，呼吁更多的人们，关注黑土地的水蚀问题。在耕作过程中她也非常注重观察总结宣传玉米保护性耕作在抗倒伏、不早衰等方面的作用。

为了让更多人知道、了解、接受保护性耕作，姚雪莹还通过微信朋友圈，把保护性耕作主要关键环节的做法、效果等宣传传递出去，在感染乡邻村民的同时，为形成保护性耕作发展的良好氛围添砖加瓦。

“少一份耕作，却更多收获”。短短的五年时间，雪莹农场通过玉米保护性耕作种法，保墒抗旱出苗好，不倒伏，秋季活秆成熟，每公顷增产玉米至少1 000多千克，为自家和农户纯增产的玉米合计就达25万多千克；运用保护性耕作承包种植1公顷耕地纯收益已达万元，农场总收入实现了翻番；秸秆全部覆盖还田，肥力在提升，而化肥使用量平场每公顷减少15%以上；地块严重水蚀的问题在减轻，土壤侵蚀沟明显减少、减浅，黑土地得到了充分保护。

为了生产需要，她们农场设施条件得到明显改善，新建了3 300平方米的硬化粮场，盖起了650平方米的机库和生产用房，还购置了粮食运输汽车、装载机等配套机械设备，现在农场生产规模越来越大、实力也越来越强。

保护性耕作农耕事业的成功，让她有了更多的梦想追求。冬闲季节，向公公学习传承土法做豆腐的手艺，学起了做干豆腐，注册的榆树市“雪莹”豆腐产品，网上已从北国销往南国市场。为帮助更多的妇女上进、独立、成长、增收，她还率先学起了玉米叶手工编织技术，感染带动本村不少妇女加入手工编织团队，让她们有了一技之长，炕头上动动手也能实现增收，有的优秀创意作品还获了奖。姚雪莹个人获得了长春市“巾帼建功”标兵、吉林省最具带动能力“三好”农民等光荣称号。

8.2 风沙干旱盐碱区

8.2.1 率先推广保护性耕作让风沙干旱低产田变稳产田
——吉林省双辽市学文农机合作社

推广应用保护性耕作，究竟能使黑土地发生怎样的变化？又给农作物产量带来什么样的结果？这都是人们对实施保护性耕作的疑虑与担忧。

吉林省双辽市学文农机合作社，十一年坚持不懈推广应用玉米秸秆覆盖保护性耕作，使秸秆不用再在田里烧，锁住了风沙、改造了盐碱地，让低产田变成了稳产田，每公顷打粮从平均不到0.75万千克，逐年提高到1万多千克。用双辽市农民的说法：“保护性耕作是农业技术中最管用的招、最有长效的招”。

学文合作社所在的双辽市与内蒙古自治区科尔沁草原接壤，耕地是一半沙土地、一半盐碱地的低产田。前些年也采用多种措施曾试图改良盐碱地，收效甚微。

从2009年秋季，学文合作社在双辽市农机推广站的鼓励引导下，订购了全市第一台康达免耕播种机，从此这个合作社走上了坚定不移推广应用保护性耕作之路。

十余年来，学文合作社形成了统一购机、统一技术模式、统一协调作业、分区作业、单机核算的保护性耕作推广服务机制。购置免耕播种机累计已达500多台，最多的一年一次购进130多台，成为保护性耕作机具终端需求大户。采用玉米秸秆全量覆盖还田均匀垄保护性耕作技术模式，作业服务横跨四省区十余个县份，累计作业面积已超过500万亩。依靠保护性耕作技术，合作社所在的村春季大风天玉米田里飞沙走石黄烟滚滚，吹出种肥的情景消失了，已有约90%的盐碱地改造成了良田。2015年春季出现严重干旱，常规耕作不坐水种无法出苗，而免耕秸秆覆盖出苗率可以达到80%～90%。在别处，春、秋田间秸秆禁烧是一大难事，而学文合作社所在的乡镇，连续多年两万公顷玉米田里无一处点火，村民都自觉成为田里秸秆的“守护者”“灭火人”。

近些年双辽市在学文合作社等一批保护性耕作实施主体的带领下，全市玉米秸秆覆盖保护性耕作技术应用遍地开花，成为玉米主流耕作制度，每年面积都能突破10万公顷，占该县玉米总播种面积的90%以上，是东北四省区玉米秸秆覆盖保护性耕作推广应用面积大县。

他们改机具、试模式、建机制、搞推广，无论遇到什么困难、碰到任何阻力都不动摇、不改变，不忘初心，实实在在收获了应用保护性耕作技术带来的经济、社会和生态成果。同时，学文农机合作社也成为全国农机合作社示范社、东北黑土地保护性耕作高标准示范推广基地的一面旗帜、吉林省保护性耕作作业服务第一大社。

8.2.2 保护性耕作技术应用叫盐碱地变成米粮川
——吉林省农安县亚宾农机合作社

吉林省农安县三岗镇亚宾农机合作社，从2013年使用第一台免耕播种机，开始在盐碱地、涝洼地探索推广应用保护性耕作技术的实践。九年来，在县、乡农机技术推广等部门的技术指导帮助下，在黑土地保护与利用科技创新联盟的技术指导下，到2022年亚宾农机合作社保护性耕作推广应用已发展到500公顷，成为保护性耕作作业服务的大社，尤其是让昔日的盐碱地、涝洼地正在发生变化，趟出一条在盐碱地、低洼地推广应用保护性耕作技术，改造低产田，保护黑土地之路。

亚宾合作社位于三岗镇的共有土地15 000公顷，有“三千垧岗，三千垧洼，三千垧碱疤瘌”之说。低洼盐碱地土壤板结、盐碱度高、土壤通透性差，特别是芦苇地盐碱化比较严重，积水和土壤板结没有通透性。应用保护性耕作技术前，盐碱涝洼地的玉米产量只有2 500～3 000千克。十年九春旱，常规垄作方式，春天起垄、播种后，有时一场大风把垄台夷平，种子裸露，造成缺苗现象。

在采用免耕保护性耕作前，都是常规垄作——搂草、点火、灭茬、深松、施肥、起垄、镇压、播种。低洼易涝地块春天常规起垄的时候，由于地温低、雪消融晚，迟迟进不去地。常规播种的由于播种期推迟延后，积水严重，土壤黏度高，播种后，出苗参差不齐，造成减产甚至绝收。

2013年在县、乡农机推广站的指导下，合作社在流转的部分盐碱地上进行免耕播种作业，当年出苗效果好，但是后期由于降雨多，导致产量下降。随着土地流转的增加，2014年合作社买了一台二手免耕播种机，播种57公顷土地，播种效率上去了，苗也不错，但是产量还是不太稳定。2015年合作社买了两台新免耕播种机，播种130多公顷土地，采用秸秆粉碎还田方式，出苗效果好，后期由于降雨不足导致有一定减产。尽管玉米产量没有达到预期目标，但是他们看到了应用保护性耕作技术能带来好的趋势，所以他们决定要在依靠保护性耕作技术改造盐碱地、低洼地的路上坚定不移地走下去。

（1）改变完善保护性耕作技术模式。根据这三年探索积累的盐碱地、低洼地示范保护性耕作的实践，亚宾合作社逐步摸索应用了保护性耕作这种新的技术措施，例如，在低洼地采用部分秸秆覆盖还田的方式，在秋冬季用小方捆打捆机打出60%左右的秸秆，增加秋季或苗期深松作业环节，既解决了低洼地秸秆覆盖量大地温低，苗长得慢的问题，又为农户解决了部分烧材，合作社还能有收入。对盐碱地尽量采用秸秆高留茬归行后全覆盖，同时增加苗期深松，一方面在夏季雨水冲刷下，使表面盐碱向下渗透；同时，将秸秆混拌土壤，以利于秸秆加快腐烂，改良盐碱土壤。

（2）保护性耕作推广服务规模不断扩大。到2020年春季，流转和托管的土地达800多公顷，全部采用的是玉米秸秆高留茬全覆盖模式。保护性耕作面积由最初的20公顷，到现在稳定在500多公顷，得到了百姓的认可。作业服务在扩大。2019年跨区免耕播种服务到伊通等地，免耕播种面积达600多公顷，机收作业到内蒙古、黑龙江两省区及周边公主岭、松原、长岭、扶余4个区县，机收作业面积达1 000多公顷，秋季深松整地600多公顷，秸秆打捆35 000捆，带动服务周边农户300多户。

（3）秸秆全量覆盖高留茬给盐碱地带来新变化。通过连续几年应用秸秆覆盖保护性耕作技术，改造盐碱地的作用逐渐显现出来。盐碱地泛白现象完全消失、秸秆漂移现象消失，减缓了土壤板结，雨季田间积水减少，增加了土壤透水性，垄不会被夷平、种子不再裸露，有机质也有所变化，pH由7.5降低到6～6.5左右，芦苇逐渐消失。由此带来玉米出苗齐，地块抗灾能力提升，玉米产量由过去的只有2 500～4 000千克/公顷，提高到9 000～10 000千克/公顷。

理事长常亚宾认为，低洼、盐碱地块，通过秸秆全量覆盖会使盐碱逐渐消失。但是，盐碱地改良还是一个漫长的过程，盐碱地和低洼地块，主要在于苗齐而非苗壮，只要稳产就可以了。秸秆覆盖后会分解出富里酸中和碱，也可以防止土地被暴晒，减少盐碱泛白。低洼易涝地块由于土壤黏重，含水量高，常规起垄容易出现老僵苗现象，玉米长势参差不齐，产量根本就上不去；通过免耕播种，一次实现全苗，尽管苗期比常规垄作的苗矮一点，但是比常规种植的老僵苗要好得多。

（4）合作社耕作装备实力在增强。合作社现拥有免耕播种机达17台、深松整地机具5台、玉米收获机6台、大中型拖拉机30台、植保机械5台、捡拾压捆设备9套，农机具拥有量达80台套，农机原值达700多万元。

（5）合作社在成长。伴随着推广保护性耕作，合作社也在成长变化。2015年亚宾合作社成为吉林省新型农业生产经营主体农机装备建设项目承担合作社，2016年成为省级示范社；从业人员有4人获得维修等级证书，农机手19人全部持证上岗。拥有标准机具库房1 134平方米，独立办公室60平方米，培训室80平方米，员工活动室60平方米，员工食堂80平方米，维修间71.5平方米，机具停放场500平方米，办公桌椅、电脑、打印机等现代化办公设备一应俱全。

（6）规模经营作业服务发生新变化。目前合作社周边的土地正由当初的零散流转向集约化、连片化、自然屯、整村规模化流转发展推进。规模化经营生产使高科技、现代化农业机械、保护性耕作机具有了更加广阔的发展和用武之地，农业新品种、新技术更快地得到推广和应用，合作社带动周边的农民真正实现了降低成本，保护黑土地，增产增收，使更多农户受益。

8.2.3 保护性耕作技术助力攻坚脱贫
——吉林省乾安县所字镇致富农机合作社

"我们丙字村之所以能够依靠推广应用保护性耕作，农业种植产业稳定增产增收，摘掉贫困村的帽子，脱贫出列，我村的致富农机合作社在推广保护性耕作上发挥了积极重要作用，可以说居功至伟"。这是吉林省乾安县所字镇丙字村第一书记在2020年汇报丙字村脱贫出列工作做法时的体会，他所谈到的非常重要的一点，就是保护性耕作技术，这一做法也得到了各级政府脱贫考核组的认同和肯定。

致富农机合作社所在的乾安县所字镇丙字村，是该县一个极为偏僻和贫困的村庄，也是黑土地联盟基地成员中唯一所在地为贫困村的。村内常住86户195人，贫困户比例大，有35户58人，占比分别为40%、30%。全村有耕地总面积629公顷，耕地土壤沙化碱化严重，交通闭塞，土壤贫瘠；同时由于位于生态保护区，不允许发展加工业、大规模养殖业，成为乾安县贫困村脱贫的老大难。而当地唯一有希望可以利用发展的产业就是把玉米种植好，以此增加收入，摆脱贫困。可是前些年一直没有找到如何发展玉米生产的突破点。

2015年乾安县农机推广站蔺向志工程师下派到乾安县所字镇丙字村任第一书记后，在充分调查研究的基础上，根据当地土质和气候等条件，决定以大面积推广玉米保护性耕作技术来改变贫困现状，作为贫困村出列的重要措施。为了使更多的农民认识和应用保护性耕作技术，在与村民进行商议后，决定成立一个以推广应用保护性耕作为主要任务的农机合作社，服务带领农民推广应用保护性耕作技术。

致富农机合作社成立以后，在有关部门的支持下，装备保护性耕作免耕播种机等机具，培训农机手队伍，设立保护性耕作示范田。与此同时，东北黑土地保护与利用科技创新联盟，为了助力这个合作社依靠保护性耕作技术使全村尽快摆脱贫困，还把这个合作社吸纳为联盟黑土地保护性耕作试验示范基地。在联盟组织举办保护性耕作技术培训、现场会、论坛交流活动等时，都邀请这个基地参加，使大家接受新技术、开阔新视野，对他们参加各项活动联盟都给予帮助。

几年来第一书记领导党支部，坚定地把加快推广应用保护性耕作作为全村脱贫出列的大事，支持帮助农机合作社装备保护性耕作等农机具，大力开展保护性耕作作业服务。合作社拥有各种农业机械装备20多台，其中大中型拖拉机8台、免耕机6台、玉米收割机两台、深松机1台、多功能整地机1台，具有了大面积开展耕作作业服务的能力。

2015年丙字村推广保护性耕作技术面积仅为180公顷，到2019年就已快速增加到600多公顷，完全达到了整村推进。在通过应用保护性耕作中，合作社起到了绝对主力军的作用，全部90%以上的保护性耕作主要作业生产环节是由合作社完成的，每年为农民代耕保护性耕作作业服务面积达580公顷。

通过推广保护性耕作技术，玉米产量大幅度提高。在没有实施保护性耕作技术前，全村每公顷粮食产量平均在6 250千克左右，通过实施保护性耕作技术，产量逐年递增，到2019年粮食产量达平均每公顷7 500千克左右，每公顷增产1 250千克左右，按照1.5元/千克计算，每公顷增收1 800元左右。

通过推广保护性耕作技术，玉米生产成本减少。过去传统的耕作，春播过程是搂秆、运秆、灭茬、打垄、坐水、播种、镇压，而保护性耕作采用免耕播种一次完成，仅这一环节每公顷节约成本1 200元左右。

通过推广保护性耕作技术，促进全村农业增效，农民增收。总的算下来每公顷节本增效3 000元左右，全村600公顷玉米增收180万元。通过这项技术增加了粮食产量，无劳动能力的贫困户土地流转收入随之增长，原来全村耕地承包费不到2 500元/公顷左右，现在达3 500～4 000元/公顷。

通过推广保护性耕作技术，提高了村民收入，提升了子女赡养老人的能力。保护性耕作技术不但节本增效，而且能让村民有更多的时间去务工，增加收入。全村贫困人口大都是老年人，他们的子女有很多都在本村，子女的收入增加了，对老人的照顾能力也就增加了，从而加快了脱贫进度。

通过推广保护性耕作技术，改善了土壤，保护了环境，为秸秆利用找到了很好的出路。一是秸秆覆盖地表，可以减少扬尘；二是农民自发地保护秸秆，杜绝了秸秆焚烧，减少了对大气的污染。秸秆覆盖还田免耕播种减少了秸秆焚烧，利于控制碳排放，对治理环境污染有重要作用。三是实现了秸秆资源的原位再循环利用，使秸秆腐烂在耕地中，增加土壤有机质含量，培肥地力。同时保护性耕作包含了深松整地技术，能打破犁底层，解决了土壤耕层浅问题，能增加土壤的蓄水保墒能力，为作物生长构建了良好的土壤条件，实现“藏粮于地，藏粮于技”的目标。

丙字村这个贫困村，通过保护性耕作技术在玉米生产中的广泛应用，使该村发生了重大改变，全村贫困户35户58人全部脱贫，全村摘去贫困村帽子，也成为东北第一个通过推广应用保护性耕作，助力玉米种植业发展，从而脱贫的第一个村。

8.3 北部平原区

大力开展秸秆覆盖保护性耕作技术推广
——黑龙江省杜蒙县鸿财农业技术服务有限公司

黑龙江省杜蒙县克尔台乡鸿财农业技术服务有限公司，积极响应和紧紧抓住各级政府实施黑土地保护性耕作的机遇，在县农业农机业务部门指导下，在乡党委政府的支持下，学习借鉴保护性耕作技术模式，坚持以开展推广玉米保护性耕作作业服务为主线，学技术、搞示范、上装备、做宣传、用新技、创模式，带动服务十几个农户应用起保护性耕作技术，从最初只有十几亩，到2021年发展到1 500亩，居该县领先水平，不仅起到了减轻土壤风水蚀、抗旱保墒的作用，并且大幅度提升了玉米产量，2021年平均亩产达到868千克，较2020年增产200千克，创历史新高，在东北玉米保护性耕作高产竞赛中获奖，同时为农户户均带来增收4万余元，公司也创造了较好的效益，尝到了应用保护性耕作的甜头，初步趟出来一条农业种植业实现多赢、可持续发展之路，受到了县、市有关部门的充分肯定，成为国家黑土地保护与利用科技创新联盟优秀推广基地，黑龙江省玉米秸秆覆盖保护性耕作的突出代表。

在推广应用黑土地保护性耕作实践中，他们突出做好五件事。

（1）学习借鉴，坚定推广应用信心。在推广保护性耕作中，方向明、信心足，比什么都重要。在起步阶段，为了真正掌握了解保护性耕作技术为啥好，公司人员先后到黑龙江省和吉林省多地进行保护性耕作考察学习，主动参加相关技术培训班，向黑土地保护联盟基地合作社进行请教交流；结合杜蒙县土壤特点情况，充分认识推广应用保护性耕作的优势和好处，信心更足、技术更信，决定把重点放在学习引进和复制保护性耕作技术模式上，带头让保护性耕作技术模式在杜蒙县得到推广应用和新发展。

（2）技术创新，破解生产实际难题。在技术推广过程中，不怕出现问题，关键是要通过技术改进创新，攻破难题，就会不断前行。针对该县播种时大风多风蚀严重，为了解决免耕后保种保苗问题，公司经反复琢磨研究，采取将拨草轮安装在播种机的前面，通过拨草轮把垄分开两边方式，形成两个小垄台，种子种在垄的中下部，覆土4～6厘米，有效做到了玉米精量播种的同时防风蚀。在施用除草剂和农药过程中，通过减少65厘米一个喷头间距的距离，让除草和喷药效果更好，并为农民解决应用中的难题，打了样，带了头，使他们的问题也相应得到解决，为保护性耕作推广排除了一些技术上的障碍。

（3）抓住关键，突出做好秸秆覆盖技术应用。保护性耕作技术的核心、难点在于秸秆覆盖，而杜蒙县土壤和气候特点也决定，重点要推广秸秆覆盖。为此他们一直坚持以示范推广秸秆覆盖保护性耕作技术为突破口、为重点，收到了较好的成效。在没有采用秸秆覆盖保护性耕作前，公司耕种地主要以沙壤土和沙土为主，播种后种子被大风吹出土层而导致苗不齐，产量不高，一直是农户面临的一个难题。怎样又能够修复土壤，又能使玉米稳产丰产，如何破解？公司选择了玉米秸秆全量覆盖还田保护性耕作技术，通过小面积试验“秸秆全量还田覆盖免耕栽培技术”，逐步集成了秸秆归行、条带耕作、苗带补水、苗期深松等配套技术，适合杜蒙县的玉米秸秆覆盖保护性耕作技术模式基本成型，2021年推广应用面积达到1 300亩。通过连续几年应用，不仅玉米产量大幅度提高，并且收到了改善土壤理化性质、土壤结构等多方面效果。一是培肥了地力。连年秸秆覆盖还田，不同地块有机质年平均增幅可达1%～5%。二是保护了耕地。秸秆覆盖可减少风力对土壤的侵蚀60%以上，减少雨水对土壤的侵蚀80%以上。三是改善了土壤。解决了土壤板结问题，增加了土壤中的微生物，生物性状得到改善。四是蓄水保墒。每年至少减少30～50毫米水分蒸发，苗期深松增加50毫米蓄水量，能延缓旱情5～10天。五是节能减排。免耕栽培，使田间作业次数减少2～4次，减少燃油消耗1/3左右。六是稳产高产。免耕播种植株密度达到4 250株/亩，比常规增加450株/亩，亩增产100千克以上。七是节本增效。减少作业次数，亩均节省生产成本50～80元。八是推广了新技术。比如氮磷钾科学配比施肥、中耕深松追肥、双行免耕播种等。

（4）落实新栽培技术，实现增产增收。创新玉米栽培技术模式，引进示范“4090宽窄行高产栽培技术”，第一年40厘米双行为播种带，第二年为休耕带；第一年90厘米为休耕带，第二年为播种带；这样增强了田间通风、透光能力，充分发挥玉米的边行效应，抗倒伏、抗病害，减轻了风蚀、水蚀现象，增强了土壤蓄水保墒等能力，明显提高了玉米品质和产量，实现增产增收。通过秸秆全量覆盖还田和采用“4090宽窄行高产栽培技术”，2019年2 000亩示范田，平均亩产达到500千克，在当年风灾、雹灾的影响下，仍较常规生产技术每亩增产75千克左右，增产18%，充分体现了防灾和增产双重效果，还提高了玉米品质，实现提质增效。同时示范田有机质含量得到提升，耕地质量明显得到改善。

（5）现身说法，不断做好宣传工作。在推广生产中，碰到说三道四的事不少，怎样打动、感染和引导农民认识和应用保护性耕作技术，关键是要用效果和事实说话，再进行讲解宣传。公司认为，周边的农民他不懂、没有实践过保护性耕作技术，或者在实践中有偏差，因此对保护性耕作缺乏科学、实事求是的认知，他们还是沉浸在过去的传统种植模式当中，很难接受新鲜的事物，这是实情。要通过认真翔实总结示范的成效，用事实，有针对地去打消农民的疑虑。比如，有农民说“政府要求秸秆还田，老百姓这地怎么种啊？有什么好处？我们得虫病怎么办”，公司通过微信群、快手、培训等方式，讲述公司种了五年秸秆覆盖还田，土地有机质含量从过去的1.5%提升到现在的2.67%，这都有科学数据的。地力肥了，玉米产量才能上来。风沙干旱区，更应该相信科学。公司还公开了电话，有问题可直接打电话，到现场参观也可以，还管饭。正是这样的宣传讲解，得到了不少农民的点赞，并且质疑的人越来越少了。通过这样耐心、细致地跟农民沟通，跟他们去解释，让大家相信科学，农民也在加快转变，接受保护性耕作的群众也会与日俱增。

8.4 低山丘陵区

保护性耕作让低山区玉米生产挑上了“金扁担”
——吉林省东丰县新巨强农机合作社

在吉林省低山丘陵区的坡耕地上，适宜推广应用玉米秸秆覆盖保护性耕作技术吗？东丰县沙河镇新巨强农机合作社的几年实践，特别是2021年通过这项技术更细化的应用，凸显带来的连锁新变化，很好地回答并充分证明，玉米秸秆覆盖保护性耕作技术，不仅完全适宜在低山丘陵区坡耕农田上应用，更为重要的是通过这项技术的采用，一方面，起到了保护黑土地的作用，另一方面，真正让这一区域农民玉米生产挑上了“金扁担”，使低山丘陵区玉米照样可实现用现代机械化手段耕种，向现代化农业迈进。

新巨强农机合作社位于东丰县东北部沙河镇一个叫良纯的小山村。在村党支部书记、合作社理事长、“保护性耕作痴迷推广应用者”赵新凯的领头下，在县里农机、农业推广等部门指导支持下，作为省、县黑土地保护性耕作示范点，他们这里半山区玉米保护性耕作特别是秸秆覆盖做得更加有模有样；尤为重要的是，通过推广玉米秸秆覆盖保护性耕作技术，一技的应用，产生、带来了多重效果的作用，实践证明，保护性耕作让玉米生产挑起了“金扁担”。

（1）推广宽窄行平作秸秆覆盖保护性耕作，成为挑起半山区玉米全程机械化的“金扁担”。山坡地、再加上垄作，整地、播种时农机可上坡田进地作业；而后期成垄后，喷药机、玉米机都不能正常作业，机车轮胎碾压在垄台上，机具难操作，易翻车，为此过去传统常规种植在苗后期，基本还是人工背着喷雾器进行植保、施肥和收割。这里全程机械化是一个难点、是农业现代化的突出短板。而推广应用了保护性耕作技术，垄作改变为宽窄平作后，垄形作业条件改变了，各个生产环节的中小机具都能上山地作业了，耕、种、管、收照样可以实现全程机械化了，补齐了半截子机械化，使半山区玉米生产也适宜、也能实现玉米生产全程机械化。

（2）搞成了玉米秸秆全覆盖还田种植模式，让玉米生产也挑起了生态环保种植的“金扁担”。新巨强合作社在成为东北黑土地保护与利用科技创新联盟推广基地成员后，积极引进学习保护性耕作技术模式，同时在项目支持下，连续三年多开展玉米秸秆覆盖保护性耕作应用示范；2021年在几个村几十个坡耕地块，又进一步增加了秸秆全覆盖还田保护性耕作技术应用面积，推广总面积达3 000多亩，是秸秆全覆盖最多的一年。秸秆一垄没烧、一根没离田，全量覆盖还田，玉米出苗、长势一点也不差，还显优势。山区秸秆直接在田间焚烧，风险大；山地秸秆打包离田，打捆机作业难，同时没有其他销路用途。所以，实践证明在这里秸秆覆盖留田，最合理、最有效、最可行，使玉米生产实现了生态环保。

（3）小农户、小地块也能用上保护性耕作技术。这里户均耕地两公顷多，地块分散，分布在七陵八坡，即使连片地块，也是坡耕地。就是这样的小农户经营、小地块，合作社通过耐心宣讲、布点打样、示范引导、单机两行作业，带动影响全村免耕播种机由最初的一台，发展到现在保有量达15台，全村山坡小地块也都用上了免耕播种技术，面积达4 000多亩，被称为东丰县免耕播种第一村，有90%多的农户用免耕机播种，还有60%农户用上秸秆全量覆盖技术。保护性耕作成为让小农户也能实现采用现代农业种植方式、用上先进技术的“金扁担”。

（4）保护土地，减轻了田间雨水冲刷的严重水蚀问题。水蚀是丘陵半山区保土最突出的问题，通过免耕、苗期深松，近几年在夏季连续多雨情况下，雨水冲刷明显减轻，田间道侵蚀沟比常规小、少。

（5）使土壤得到改良。合作社在半山丘陵区白浆、蒜拌土，连续三年多实行秸秆覆盖种法，从观察看，土壤已明显得到改善。

（6）通过运用条耕技术，技术模式进一步完善。2020年以来合作社先后购进六台条耕机和秸秆归行机，2020年进行示范，2021年大面积推广主要用条耕机作业，在2020年秋2021年春，对免耕播种行进行秸秆归行和条耕机浅耕，形成一个相对洁净、温度提升的种床，使免耕机播种质量大幅度得到提高，条耕面积占整个免耕播种面积达80%。从玉米出苗、整齐度、长势看，用赵新凯理事长的话，“条耕弥补了保护性耕作直接免耕的短板，优势得到提升，第一次从出苗到长势，全面完胜常规种植，垄挨垄优势特别明显。”

（7）增加苗期深松作业环节。通过苗期深松，不仅提高了土壤通透性，提高地温，同时增加了土壤耕层蓄水量至少50%以上，再加上秸秆覆盖，抗旱能力明显提升，如果玉米后期遇到严重伏旱，抵御抗旱天数可超常规一倍以上。

（8）节肥提效。常规种植方式，基本上是人工手撒化肥，化肥大量流失，肥效差，还给河水带来污染；而保护性耕作，在苗期深松带施化肥，并进行深施，化肥利用率至少提高20%以上，可减少用量10%以上，使化肥达到科学合理利用，并且常规种植后期有脱肥的现象，而保护性耕作模式就没有。

（9）彰显稳产丰产优势。从保苗株数测查看，秸秆覆盖保护性耕作比常规种植植株数约多出25%～30%，1公顷相差几千棵苗，再加上长势还有优势，连续几年保护性耕作不但没减产，玉米平均产量超常规种植20%以上，高的地块达30%以上。

（10）增产和节本两项增收账十分显著。秸秆覆盖保护性耕作规范精准细作，尽管作业次数有所增加，但是整体可采用机械化作业，效率明显提高，化肥利用率提高，玉米生产成本也比常规种植方式要低，在玉米市场价格保持在每千克2.4元，玉米秸秆覆盖保护性耕作种植方式，每公顷至少比常规增加收益4 000元，在干旱年景收益会更多。

春华秋实，近些年特别是2020年以来新巨强合作社，不仅成功摸索出一条半山区坡耕地应用玉米秸秆覆盖保护性耕作技术的路子，收到了保土、环保、抗旱、培地、减肥、增产、增收等多方面的叠加效果，使丘陵半山区找到了适宜全程机械化之路，使粮食产量、保护土壤与环境、社会效益均得到兼顾，也让半山区农民玉米生产挑起了“金扁担”，也能走上农业现代化之路，意义重大而深远。